지리학과 떠나는 문명 여행

태평양
대서양
9 호수(오대호)
얼음이 녹아 거대한 물의 왕국이 생겼다고?
1 화산섬(마리아나 제도)
작은 섬이 세계의 중심이 될 수 있을까?
10 분지(아마존 분지)
아마존 분지가 지구의 허파라고?
11 습곡산지(그레이트디바이딩 산맥, 서던알프스 산맥)
솟아오른 산맥 때문에 기후가 달라진다고?
12 삼각주(파라나 삼각주)
바다만큼 넓은 땅을 강이 흘러와 만들었다고?

쓸모 있는 지리 수업

 지리학이 알고
싶어졌습니다

교과서를 쉽게, 세상을 깊게

쓸모 있는 지리 수업

최재희 지음

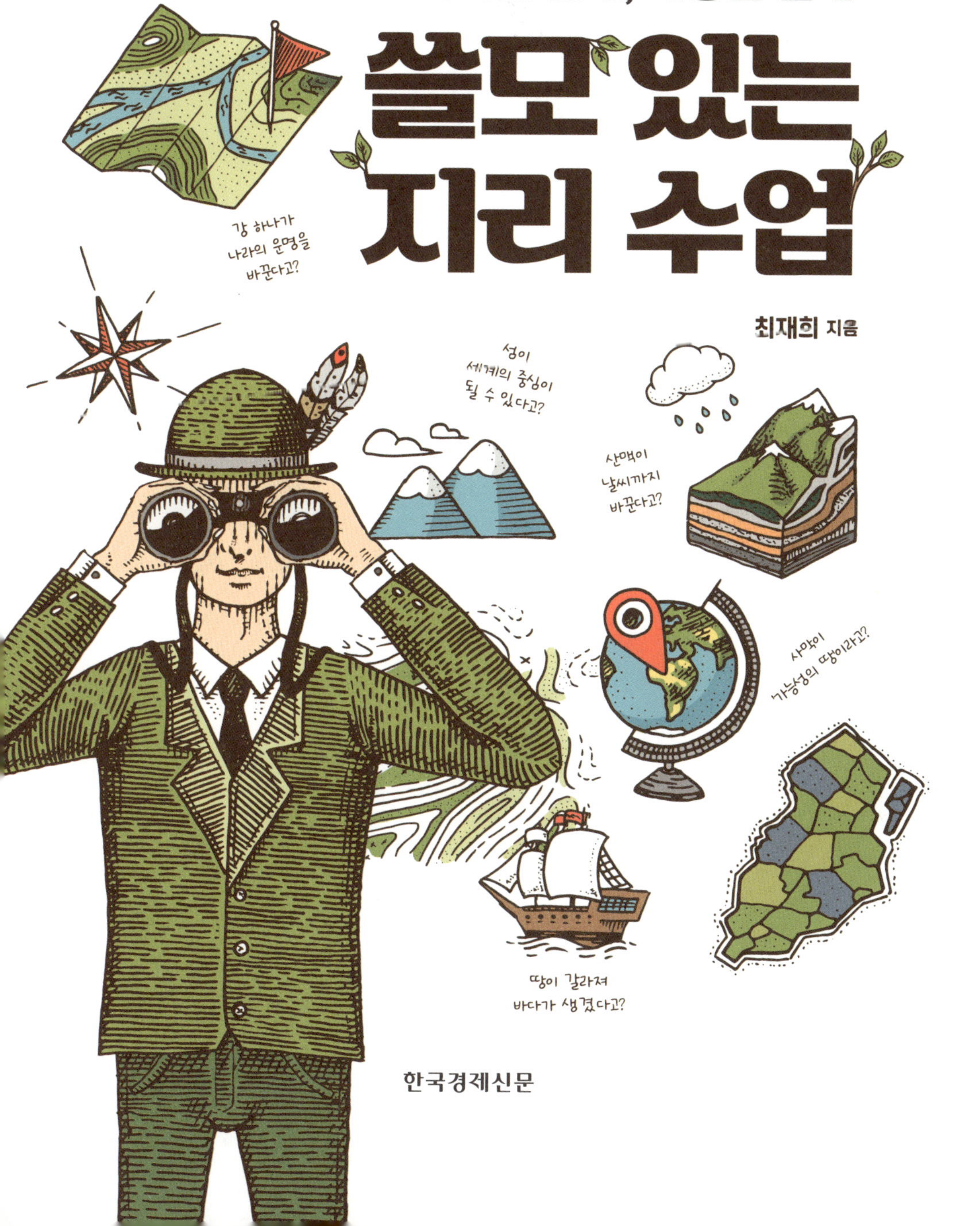

강 하나가
나라의 운명을
바꾼다고?

성이
세계의 중심이
될 수 있다고?

산맥이
날씨까지
바꾼다고?

사막이
가능성의 땅이라고?

땅이 갈라져
바다가 생겼다고?

한국경제신문

쓸모 있는 지리 공부의 세계로!

지리 교사이자 지리 전공자로서 자주 받는 질문이 있습니다.

"선생님, 지리 공부해서 어디에 써먹어요?"

질문의 핵심은 '써먹을 수 있음', 그러니까 실용성을 묻는 거겠죠. 예컨대 경제학은 자본주의 사회에서 돈이 굴러가는 원리를 이해하는 데 도움이 되고, 사회학은 복잡한 현대 사회가 돌아가는 원리를 이해하는 데 필요하다고 사람들은 생각합니다. 역사학은 어떤가요? 인류의 탄생에서부터 21세기 첨단 시대를 살아가는 지금까지의 여정을 시간 순서대로 일목요연하게 정리할 수 있을 거라는 생각이 듭니다.

이렇듯 학문의 효용을 따질 때 지리학은 모호한 느낌을 줍니다. 이런 인식은 학창 시절에 공부한 지리 교과서에서 느낀 선입견 때문에 생긴 것 같습니다. 교과서로 만나는 지리학의 내용은 언뜻 백과사전을 떠올리게 합니다. 어떤 곳의 지형과 기후, 생활양식, 각종 통계가 다양한 그림 자료와 그래프를 통해 일목요연하게 제시되는 면에서 그렇습니다. 물론 이와 같은 공간에 대한 객관적 사실과 정보는 해당 지역을 이해하는 데 도움을 주지만, 이런 식의 정보 나열은 연결성이 떨어져 한 국가나 지역의 이미지를 그리는 데 걸림돌이 되는 경우가 많습니다. 그래서 지리학을 '써먹을 수 있으려면' 지금까지 지리학에 대해 갖고 있던 고정관념을 살짝 비틀어야 합니다. 다양한 사실과 정보를 한 데 엮을 수 있는 '공간의 밑그림'을 그리는 일이 무엇보다 중요합니다.

지리학은 원래 공간, 그것도 사람이 땀을 흘려 일군 공간을 탐구하는 학문입니다. 제아무리 첨단 시대라지만 사람은 3차원으로 구성된 물리적 공간을 떠나서 살 수 없습니다. 그런 면에서 세상은 조물주가 빚은 자연환경에 인간이 채색한 인문 환경이 잘 버무려진 아름다운 모자이크와 같습니다. 형형색색의 재료를 버무려 큰 그림을 완성하는 모자이크 방식은 세계가 오늘날과 같은 모습으로 만들어지는 과정과 닮았습니다. 복잡한 공간 모자이크를 이해하는 데 중요한 도구이자 나침반이 바로 지리학입니다. 바로 이 지점에서 지리 공부의 효용이 만들어지는 것이죠.

지리 선생님으로 교단에 선 첫 해부터 저는 '제대로 된 지리 공부'의 필요성을 알리는 일이 중요하다는 걸 깨달았습니다. 지리는 지루하고 재미없고 쓸데없는 공부라는 아우성이 이곳저곳에서 들렸거든요. 그래서 저는 낱알처럼 흩어져 있던 교과의 개념을 모으고 다시 구성해서 학생들이 연관성을 갖고 공부할 수 있도록 가르쳤습니다. 남녀노소 할 것 없이 독버섯처럼 퍼져 있는 지리에 관한 인식을 개선하려면 학창 시절에 배우는 지리 수업부터 바꿔가야 한다고 생각했거든요.

지리의 특별한 효용을 찾는 여정에서 모두가 공감했던 이야기 주제는 흥미롭게도 인류가 오래전부터 삶의 공간으로 택한 산맥, 하천, 평야 등 커다란 지형 공간에 대한 이해였습니다. "평소에 무심코 지나쳤던 산, 들, 강이 우리 삶과 밀접하게 관련이 있었네"라는 공감대가 형성되면서 본격적으로 자연환경과 인류의 삶을 엮기 시작했습니다. 이 책은 이렇듯 청소년들에게 익숙한 공간의 밑그림에 다채롭게 덧입혀진 인간의 삶을 들여다보려는 취지에서 시작되었습니다.

자연환경은 인간이 만든 인문 환경에 큰 영향을 끼쳐왔습니다. 우리나라든 뉴질랜드든 똑같이 산이 있고 물이 있고 바다가 있지만, 그곳에 정착한 사람들은 제각각 다른 문화를 일구어 왔습니다. 이 말은 같은 산이라도 다른 산이며, 같은 강이라도 다른 강일 수 있다는 의미입니다. 산을 이루는 땅의 성질, 1년 동안 땅에 영향을 주는 비의 강도와 빈도, 바람과 햇빛의 세기 등은 생태계를 만들고, 나아가 인간의 삶에 영향을 주죠.

지리 공부를 제대로 하는 일은 이렇듯 인류의 탄생에서부터

이어져온 인간과 환경의 관계를 따져보는 일입니다. 이런 일을 반복하면 인류의 역사를 조금 더 풍요롭게 이해할 수 있고, 동시에 우리가 살아가는 삶의 터전이 어떻게 변화할지 미래를 그리는 힘도 기를 수 있습니다. 이를테면 도쿄라는 거대 도시의 공간 밑그림을 그리면, 그 공간에서 오랜 시간 이루어져온 일본 역사와 도시화의 흐름을 잡아갈 수 있다는 뜻입니다.

'지리의 효용'은 여행에서도 빛을 발합니다. 부산을 여행하는 두 사람이 있다고 가정해 볼까요? 둘 중 한 사람은 지리를 공부해서 부산 땅의 밑그림을 제대로 이해하고 있고, 다른 한 사람은 그렇지 않습니다. 두 사람은 같은 곳을 여행하지만 여행지를 바라보는 안목은 다릅니다. 지리학을 공부한 사람은 산 중턱까지 올라선 아파트 단지와 비탈진 산기슭을 점유한 산복도로, 도시 곳곳을 오가는 고가도로 등이 어떻게 부산의 대표 경관이 되었는지 미루어 짐작할 수 있습니다. 산지의 비중이 높아 좁은 해안 공간에 짧은 시간 동안 많은 인구가 모인 도시화 과정이 만들어낸 결과물이기 때문입니다.

새롭게 마련된 교육 과정은 세계화 시대에 청소년이 지리의 힘을 이해하기 바랍니다. 자연환경을 밑그림으로 펼쳐지는 인간 사회의 상호작용과 그 과정에서 만들어지는 거미줄과 같은 네트워크의 맥락까지 짚어내기를 원하죠. 나아가 네트워크 과정에서

펼쳐지는 지정학 및 지경학적 힘을 골고루 살펴보면서 세계화 시대에 지리적 안목을 함양할 수 있기를 희망합니다.

이 책은 그런 의도를 충분히 살려 세계를 주요 대륙으로 나누고, 각 대륙에서 눈여겨볼 환경 요소를 선별하여 이야기를 펼쳐 갑니다. 각 이야기의 끝에는 '이야기 두 줄 요약'을 실어 전체적인 내용을 정리했고, 새 교육 과정으로 만들어진 중학교 사회 교과서에 나오는 핵심 용어는 '교과서 속 용어 정리'로 묶었습니다. '더 읽어보기'에서는 본문의 내용과 비슷한 세계의 다른 지역을 살펴보거나 본문 내용을 심화하여 생각거리를 마련했습니다. 나아가 세계가 북반구 또는 선진국 중심으로 편중되지 않도록 아시아, 유럽과 아프리카, 아메리카와 오세아니아 지역을 균형감 있게 안배했고, 그에 적확한 소재를 신중히 골랐습니다.

1부 아시아에서는 대륙의 신비와 자연의 웅장함을 드러낼 수 있는 화산섬, 하천, 카르스트, 사막 등을 대주제로 삼았습니다. 화산섬의 탄생이 준 영향, 하천에 기댄 다양한 인간의 삶, 매혹적인 지형 경관이 주는 경제적 가치 등에 주목하다 보면 자연스럽게 자연과 인간의 삶을 두루 조망할 수 있을 것입니다.

2부 유럽과 아프리카에서는 대륙의 해안선을 이루는 곶과 만, 갯벌, 리아스와 피오르, 단층 등의 대주제를 바탕으로 그곳을 주무대로 펼쳐지는 인간의 역사와 환경, 지정학 및 지경학적 의의를 살펴볼 수 있도록 구성했습니다. 예컨대 남아프리카공화국 펄스만의 지리적 특징을 제대로 아는 일은 그곳의 지정학 및 지경학적 의미를 탐색하는 또 다른 기회를 제공합니다.

3부에서는 신대륙에 속하는 아메리카와 오세아니아의 땅과 바다를 이루는 호수, 분지, 습곡산지, 삼각주 등을 토대로 인간과 대지의 진화를 엿볼 수 있도록 구성했습니다. 특별히 주목할 건 '인간과 대지의 진화'라는 주제에서 빠질 수 없는 게 바로 '환경의 지속 가능성'이라는 점입니다. 호수가 생명과 직결되는 물 자원과 연결돼 있다는 점, 분지라는 조건에서 형성된 거대한 아마존 열대림이 오늘날 기후 위기와 직간접적으로 연결돼 있다는 점을 아는 건 공간을 바라보는 힘을 길러줍니다. 대륙별로 선정된 열두 가지 이야기를 따라가다 보면 자연스럽게 지리의 힘에서 비롯한 흥미로운 인간의 서사를 엿볼 수 있을 것입니다.

"지리 공부 제대로 하니까 지구촌을 이해하는 데 넓은 시야를 가질 수 있었어요!" 이 책을 읽은 독자 여러분이 이렇게 이야기할 수 있기를 희망합니다. 열네 살에 이 책을 만날 여러분이 공간을 이해하는 훌륭한 도구인 지리학으로 세계를 넓고 깊게 이해할 수 있기를 바랍니다.

자, 그럼 이제 흥미로운 지리학의 세계로 출발할 준비가 되었나요?

차례

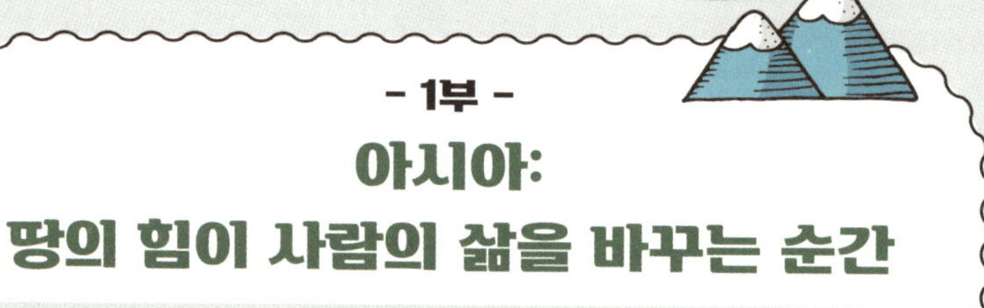

- 1부 -
아시아:
땅의 힘이 사람의 삶을 바꾸는 순간

어디로 떠나볼까요?

- 1부 -

아시아:

땅의 힘이 사람의 삶을 바꾸는 순간

1장

화산섬(마리아나 제도)

작은 섬이
세계의 중심이 될 수 있을까?

우리가 사는 지구상에서 가장 뜨거운 곳은 어딜까요? 어떤 사람은 덥고 건조한 사막을 떠올릴 테고, 또 어떤 사람은 적도와 가까운 열대 지역을 떠올릴 것입니다. 두 지역 모두 기온이 높은 곳이기는 하지만 가장 뜨거운 곳은 아니에요. 정답은 바로 '판의 경계'입니다. 그중에서도 뜨거운 마그마가 관여하는 판의 경계가 지구상에서 가장 뜨거운 곳이죠. 11장에서 '그레이트디바이딩 산맥과 서던알프스 산맥'에서 고기, 신기 습곡 산지가 만들어지는 공간으로서 판의 경계를 살펴볼 텐데요. 판과 판의 경계 중 마그마가 만들어지는 곳은 구체적으로 지각판과 지각판이 서로 만나는 경계입니다.

하와이 빅아일랜드의 용암 미국 하와이주 하와이섬의 킬라우에아 화산 폭발로 용암이 흘러내리는
모습이에요.

일반적으로 땅속으로 깊이 들어가면 갈수록 압력은 세져요.
수십에서 수백 킬로미터 지하 공간의 압력은 이루 말할 것도 없
을 정도로 압력이 강하죠. 그래서 땅속 깊은 곳에서는 엄청난 압
력을 견디지 못해 반쯤 녹은 물컹한 액체 상태로 존재하는 부분
이 있는데, 물컹한 암석이 녹아 만들어진 반액체 상태의 부분에
서 마그마가 만들어집니다. 마그마는 쉽게 말해 뜨거운 마찰로
암석이 녹은 것이죠.

뜨거운 마그마가 세상 밖으로 나온 것을 용암이라 부릅니다.
용암은 어지간한 물건은 바로 녹일 정도로 뜨거워요. 땅속에 있
어야 할 뜨거운 마그마를 두 눈으로 볼 수 있는 여행지도 있는

데, 바로 태평양 한가운데 위치한 섬 하와이입니다. 하와이는 화산섬인데요. 뜨거운 마그마가 꾸준히 솟아오르는 곳에서 생겨났죠. 그래서 시기를 잘 맞추면 살아 있는 용암을 두 눈으로 직접 볼 수도 있어요. 하와이의 빅아일랜드에 가면 마치 영화의 한 장면처럼 꿈틀거리며 흐르는 용암을 볼 수 있습니다. 살아 있는 용암을 보면 '아, 지구는 역시 살아 있는 행성이구나'라는 걸 느낄 수 있어요. 만약 지구가 죽어 있다면 땅속 깊은 곳에서 마그마가 생성되지도, 밖으로 분출되지도 않을 테니 말이에요. 화산이 폭발하면 많은 용암이 분출되고 그에 따라 화산체도 만들어집니다.

이번 장에서는 화산이 폭발해서 만들어진 화산섬으로 여행을 떠나볼 거예요. 우리가 살펴볼 곳은 세계에서 가장 수심이 깊은 챌린저 해연으로 유명한 마리아나 제도입니다. 마리아나 제도엔 유명한 여행지인 미국령 괌과 사이판이 속해 있어요. 이들 화산섬에는 어떤 인간의 이야기가 그려져 있을까요?

마리아나 제도의 탄생

먼저 구글 위성 영상을 열어볼까요? 지도를 검색해서 마리아나 제도를 찾으면 네비게이터는 여러 섬이 열 지어 있는 곳으로 우리를 안내합니다. 해저 지형을 보면 활 모양처럼 크게 굽은 해저

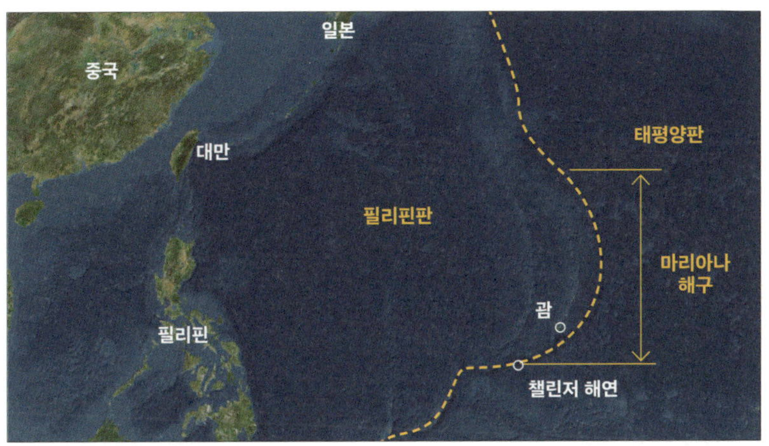

마리아나 해구 일대 지도 같은 해양판인 태평양판과 필리핀판이 만나는 경계에 마리아나 해구가 발달해 있어요. 마리아나 해구 일대에서 가장 큰 섬은 미국령인 곰이고, 가장 깊은 바다는 챌린저 해연입니다.

지형을 따라 마리아나 제도의 섬이 나란히 줄을 선 모양새입니다. 필리핀해 끄트머리에 해당하는 마리아나 제도는 이곳이 판과 판의 경계에 해당하는 공간임을 간접적으로 보여주죠. 무슨 뜻이냐고요?

마리아나 제도는 필리핀이나 일본에서도 꽤 떨어져 있을 정도로 육지에서 멉니다. 그렇게 먼 바다에서 섬이 생겨났다는 건 마리아나 제도가 판의 경계, 조금 더 정확하게 표현하자면 해양판과 해양판의 경계에서 만들어졌다는 걸 뜻하죠. 밀도가 비슷한 해양판과 해양판이 서로 만나는 판의 경계는 두 판이 더 깊게 파고드는 경우가 많습니다. 더 깊게 파고든다는 건 그 경계를 따라 화산 활동이 더 활발할 수 있다는 뜻이기도 하죠.

마리아나 제도의 분포 양상을 지도에서 보면 가장 아래 섬인 괌을 시작으로 로타섬, 사이판섬, 페이간섬 등 여러 섬이 활처럼 휜 모양으로 열 지어 나타납니다. 이렇게 발달한 화산섬을 호상열도弧狀列島라고 부릅니다. 호상弧狀이라는 한자어가 활처럼 휜 모양을 뜻하죠.

그럼 여기서 시야를 넓혀 전 세계에서 호상열도를 찾아볼까요? 눈에 띄는 곳은 아시아 대륙과 북아메리카 대륙이 만나는 베링해의 알류샨 열도, 러시아 캄차카 반도에서 일본으로 이어지는 쿠릴 제도, 일본에서 대만으로 이어지는 오키나와제도입니다. 이들 지역은 모두 판의 경계에서 만들어진 호상열도입니다.

화산섬이 열 지어 발달하는 판의 경계를 따라 깊은 바다가 만들어지기도 합니다. 그만큼 판이 깊이 파고드는 것이죠. 이런 깊은 바다를 '바다의 도랑'이라는 뜻으로 해구海溝라고 불러요. 해구는 일반적으로 수심이 6,000m 이상이나 됩니다. 세계에서 가장 깊은 해구는 마리아나 제도 해저에 있는 마리아나 해구입니다. 마리아나 해구는 평균 수심이 7,000~8,000m로 알려져 있고, 가장 깊은 곳은 에베레스트산을 넣고도 남을 만큼 깊어요. 무려 10,000m가 넘는답니다.

마리아나 해구에 대해서 이야기하다 보니 영화 〈아바타〉와 〈타

 쓸모 있는 지리 수업

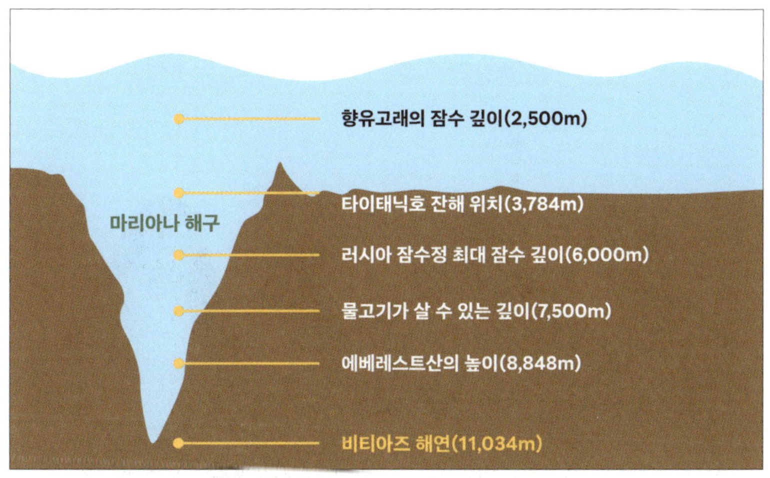

마리아나 해구의 깊이 마리아나 해구는 세계에서 평균 수심이 가장 깊어요. 해양판과 해양판이 만나는 과정에서 깊은 골짜기가 만들어진 것이죠.

이태닉〉을 제작한 제임스 캐머런 감독이 생각나네요. 제임스 캐머런은 인류 최초로 특수 잠수정을 타고 마리아나 해구의 가장 깊은 곳인 챌린저 해연을 탐사했답니다. 대서양 해저 약 3,800m에 잠든 타이태닉호에도 직접 다녀왔죠. 그의 영화에서 볼 수 있는 사실적이고 생생한 표현은 이런 탐사의 결과입니다.

마리아나 제도의 지리적 특징, 인간의 역사가 되다

이렇게 자연이 만들어준 마리아나 제도에서 인간은 어떤 모습으로 살아왔을까요? 지금부터 그 흔적을 따라가 보죠. 마리아나 제도에는 선주민인 차모로족이 살았습니다. 마리아나 제도의 서쪽

전통 의상을 입은 차모로족 차모로족은 수천 년 전 동남아시아에서 괌으로 이주했습니다.

필리핀 제도에 살던 사람들이 뗏목을 타고 넘어온 것으로 추정됩니다. 차모로족은 주변의 일본, 필리핀, 파푸아뉴기니에서 꽤 멀리 떨어진 채로 오랫동안 그들만의 문화를 일구며 살아왔어요.

베일에 가려 있던 차모로족을 세상에 알린 사람은 대항해 시대의 탐험가 페르디난드 마젤란 Ferdinand Magellan 입니다. 마젤란은

쓸모 있는 지리 수업

최초로 세계 일주 항해를 시도한 인물로 유명하지요. 1521년 마젤란은 마리아나 제도를 발견하고 유럽으로 돌아가 이곳의 존재를 알렸습니다. 이후 스페인은 가톨릭 선교사와 함께 다시 마리아나 제도를 찾았고, 포교 활동을 하며 본격적으로 이곳을 지배하기 시작했어요. 마리아나 제도에서 가장 큰 섬인 괌은 이때 유럽의 영향을 받아 본격적으로 도시화가 진행되었습니다. 그렇게 오랫동안 스페인 영토에 속해 있던 마리아나 제도는 1898년에 벌이진 미국과 스페인 간 전쟁의 결과로 미국 영토가 되었습니다.

이 전쟁을 통해 미국은 스페인 본토와 아주 멀리 떨어진 마리아나 제도를 비교적 손쉽게 얻는 성과를 거뒀습니다. 미국은 가장 남쪽에 있고 면적이 넓은 괌을 통치하기로 하고, 괌 북쪽으로 줄지어 선 작은 섬은 독일이 사들일 수 있도록 조치했죠. 마리아나 제도에서 괌을 제외한 나머지 섬을 북마리아나 제도로 부른 것도 이때부터입니다. 하지만 마리아나 제도는 태평양 전쟁 직후 일본이 무력으로 점령했고, 미국이 다시 괌을 포함한 마리아나 제도를 무력으로 빼앗으면서 긴장 상태에 놓이곤 했습니다. 미국은 국제연합(UN)의 허가를 받아 괌과 북마리아나 제도가 자체적인 국가 운영 기반을 다질 때까지 대신 통치하기로 했지만, 미국의 통치는 여전히 유지되고 있어요. 세계의 패권을 쥔 미국은 마리아나 제도를 미국의 또 다른 영토라고 여길 만큼 막강한 영향력을 행사하고 있습니다.

태평양판과 필리핀판이 만나는 경계에 핀 화산 꽃의 행렬은, 그 위치의 절묘함 때문에 질곡의 역사를 걸어왔습니다. 이렇듯 바다 가운데 솟은 화산의 존재는 해양 시대를 열어젖힌 인간의 역사와 밀접한 관련이 있습니다. 이는 마리아나 제도가 해양판 간의 경계 지역이라서 가능했던 일이기도 하지요.

마리아나 제도의 지정학적, 지경학적 의미

지금부터는 마리아나 제도의 위치 특성을 본격적으로 탐구해 봅시다. 다시 디지털 지도를 펼쳐볼까요? 마리아나 제도를 중심으로 시야를 넓히면, 앞서 언급한 마리아나 제도에 얽힌 역사의 흐름을 이해할 수 있습니다. 가장 눈에 띄는 건 마리아나 제도와 다른 곳까지의 거리예요.

마리아나 제도는 대륙에서 멀리 떨어져 있고, 일본과 필리핀, 파푸아뉴기니섬과도 얼추 비슷한 거리만큼 떨어져 있습니다. 마리아나 제도는 미국 본토와는 꽤 멀리 떨어져 있지만, 미국의 50번째 주 하와이를 기준으로 하면 그 거리가 절반으로 줍니다. 바로 이러한 지리적 특징이 마리아나 해구에 대한 미국의 지배를 강화한 것이죠. 한때 마리아나 제도의 역사에 관여했던 에스

파냐와 독일은 멀어도 너무 멀리 떨어져 있잖아요. 그러다 보니 유럽을 제외한 나머지 국가 중 힘센 국가가 마리아나 제도에 대한 영향력을 강화했을 테고, 그 국가가 바로 미국이었죠.

그렇다면 마리아나 제도는 미국에 어떤 의미를 갖는 공간일까요? 미국이 이곳에 특별한 관심을 갖고 있다는 것은 괌을 통해 엿볼 수 있습니다. 미국은 세계에서 가장 군사력이 강한 나라입니다. 미국의 강력한 군사력은 바다를 통제하는 힘에서 나오죠. 바다를 통제한다는 건 태평양이나 대서양 같은 넓은 바다의 핵심 요충지에 군사 기지를 만들 힘이 있다는 뜻이니까요. 미국이 전 세계에 만든 군사 거점은 지정학적으로 상당한 의미를 갖습니다. 이를테면 미국의 하와이가 그렇습니다.

하와이는 사람들에게 세계적인 관광지로만 인식되지만, 태평양 한가운데 우뚝 솟은 화산섬이라는 것을 기억해야 합니다. 하와이의 지리적 위치가 남다르다는 뜻이거든요. 물론 아름다운 화산섬이 연출하는 독특한 경관과 눈부신 해변, 그리고 뜨거운 용암을 직접 볼 수 있는 이색 경험을 선사하는 하와이가 세계적인 관광지로도 부족함이 없는 건 맞는 말입니다. 하지만 미국이 하와이를 단순히 세계적인 여행지로 만들기 위해 영토로 삼은 건 아닙니다.

미국이 태평양 가운데에 우뚝 솟은 화산섬 하와이를 50번째

괌의 지정학적 위치 괌의 절묘한 지리적 위치는 미국이 동아시아 일대에서 지정학적 전략을 펼칠 수 있도록 도왔습니다.

주로 확정한 건, 지정학적 전략에 따른 결정이었습니다. 하와이는 관광지라는 이미지를 벗겨내면 '지정학적 요충지'라는 의미가 오롯이 부각됩니다. 하와이에는 태평양을 관장하는 미군 사령부가 있습니다. 2018년에는 태평양뿐만 아니라 인도양을 포괄적으로 관장하려는 의도에서 인도-태평양 사령부가 되어 그 중요성이 더욱 커졌지요. 마리아나 제도는 이러한 하와이의 군사 전략을 강화하기 위한 일종의 전초 기지로서 의미가 있습니다. 마리아나 제도 중에서도 괌은 미국이 해군 및 공군기지를 두어 가까운 아시아 지역을 관장하는 전략 거점이라는 특이점이 있지요.

21세기 들어 미국은 중국과 경제 및 군사 분야에서 본격적인 힘겨루기에 돌입합니다. 이른바 미·중 갈등이라 불리는 두 공룡 국가의 대립은 주변국은 물론 세계 질서에도 적지 않은 영향을 끼치고 있습니다. 이를 단적으로 살펴볼 수 있는 사례가 트럼프 행정부가 실시했던 '대 중국 관세 부과'입니다. 관세는 국가 간 물건을 주고받을 때 붙이는 세금을 가리키는데요. 미국이 중국 물품에 관해 관세를 올리면, 중국이 이에 맞불을 놓는 식으로 두 국가의 무역은 전쟁으로 불릴 정도로 첨예한 갈등을 일으켰습니다. 이러한 무역 갈등은 첨단 기술에 관한 새로운 경쟁으로 진화했고, 남중국해를 사이에 둔 지정학 및 지경학^{Geo-economics} (국가 안보와 이익을 지키기 위해 경제적 수단을 활용하는 것)적 갈등으로 들불처럼 번졌습니다.

남중국해는 미국과 중국의 해양 패권 경쟁을 엿볼 수 있는 공간입니다. 중국은 남중국해에 대한 관심이 무척이나 큽니다. 남중국해에 있는 작은 섬과 암초를 자국 영토라고 주장하면서 그곳에 군사 기지를 짓고 있죠. 나아가 시진핑^{習近平} 국가 주석이 집권한 이후 중국은 세계 각지에 막대한 자금을 들여 국가 기간 시설을 건설해 주는 대가로 그 나라에 정치적 영향력을 행사하려는 의도를 숨기지 않고 있습니다. 이를 두 눈 부릅뜨고 지켜보는 국가가 바로 미국이죠. 미국은 중국의 남중국해 진출을 전략적으로 억제하기 위해 가까운 거리에 있는 마리아나 제도의 전략

기지를 적극적으로 활용하려고 합니다. 괌의 미군 기지는 중국 및 러시아와 매우 가까운 한반도의 주한미군을 뒷받침할 수 있는 근거리 전략 거점이기도 합니다. 마리아나 제도는 위치 특성상 지정학 및 지경학적 요충지로서 미국이 절대 포기할 수 없는 핵심 공간인 셈입니다.

차고스 제도의 지정학적 존재감

태평양에 위치한 마리아나 제도가 갖는 지정학적, 지경학적 의미에 대해 알아봤는데요. 그럼 인도양과 대서양으로 가도 사정은 비슷할까요? 이를 알아보기 위해 우선 인도양 차고스 제도의 디에고가르시아섬으로 가봅시다.

차고스 제도는 인도양 한가운데에 있어요. 마리아나 제도에 괌이 있다면, 차고스 제도에는 디에고가르시아섬이 있지요. 앞서 이야기했듯 마리아나 제도가 필리핀판과 태평양판의 경계라면, 차고스 제도는 고리처럼 생긴 형태의 섬입니다. 해수면 위로 드러난 섬 모양이 마치 고리처럼 생겼다고 해서 한자어 고리 환環과 물에 잠긴 바위라는 뜻의 초礁를 묶어, 환초環礁라고 부르죠. 그럼 환초는 어떻게 생겨난 걸까요?

환초의 형성 과정에 대해서는 비글호를 타고 항해하던 진화론의 창시자 찰스 다윈Charles Robert Darwin의 가설이 가장 설득력이 높

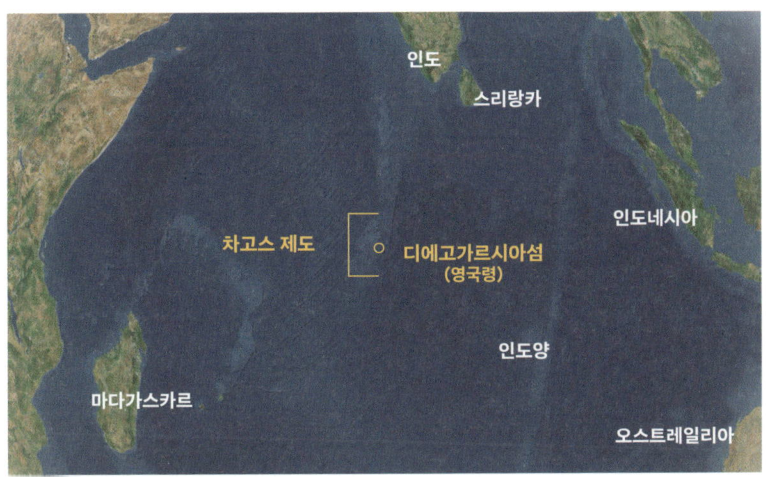

디에고가르시아섬의 위치 디에고가르시아섬은 차고스 제도에서 가장 큰 섬으로 인도양을 관장할 수 있다는 점에서 매우 중요한 지정학적 의미를 갖습니다.

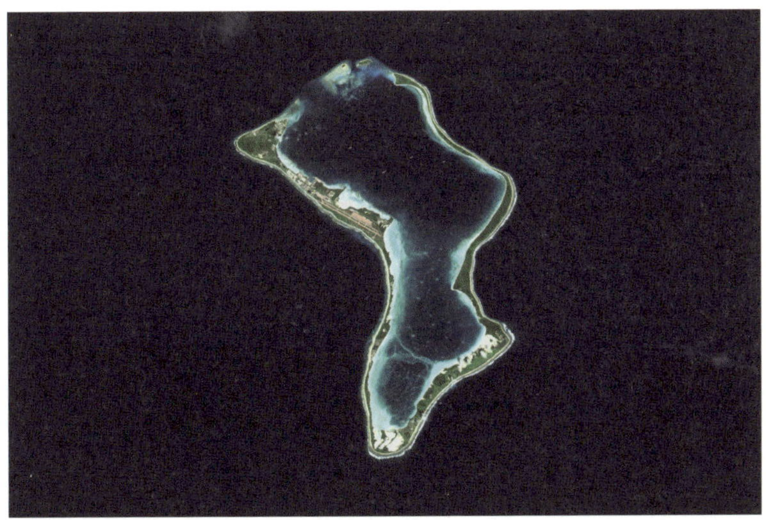

디에고가르시아섬의 형태 디에고가르시아섬은 전형적인 환초 형태입니다.

습니다. 다윈은 반지 모양으로 생긴 신기한 섬을 보면서, 고리의 가운데에 화산이 있었을 거라는 사고 실험을 했어요. 산호초가 얕은 바다 밑에서 성장한다는 점에 주목하여 오랜 침식과 해수면 상승을 통해 자연스럽게 화산 주변의 산호초만 섬으로 남았다고 본 것이죠. 어때요? 놀라운 추론이죠? 여러 지역의 다양한 생물 자료를 모아 진화론이라는 세기의 이론을 정립한 다윈답게 연역적 추론의 진수를 보여준 이론이라고 할 수 있어요.

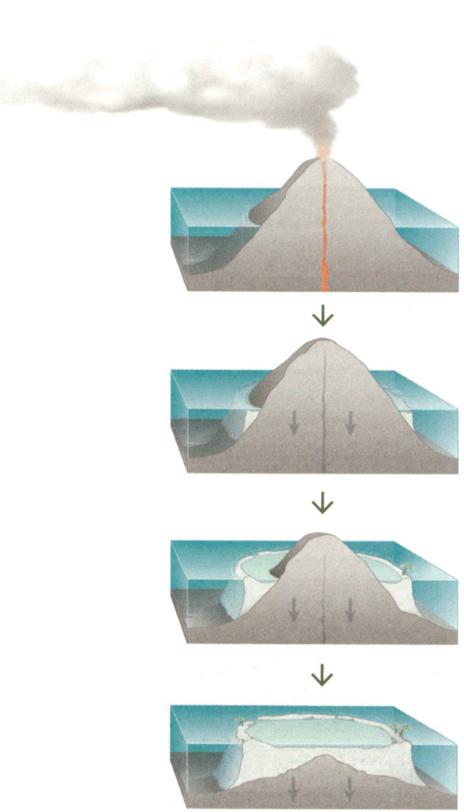

환초의 형성 과정 화산섬 주변으로 산호초가 형성되고, 이후 화산이 내려앉으면서 고리 모양의 섬이 남았어요.

디에고가르시아섬은 차고스 제도에서 가장 큰 섬입니다. 여느 차고스 제도의 섬과 마찬가지로 해발고도가 매우 낮은 둥근 고리 모양의 환초이죠. 이곳을 처음 식민화한 나라는 '해가 지지 않는 나라' 영국이에요. 오랜 식민 지배를 받던 모리셔스는 1968년에야 영국에서 독립했지만,

모리셔스가 속한 차고스 제도는 여전히 영국령으로 남아 있었어요. 영국은 미국과 함께 디에고가르시아섬에 연합 군사 기지를 설치했고, 그에 따라 오늘날까지 영미연합군이 주둔하고 있습니다. 2024년까지 여러 번의 국제적 조정 끝에 영국은 차고스 제도를 모리셔스에 넘기기로 했습니다.

디에고가르시아섬이 이렇게 국제 사회의 뜨거운 관심을 받는 까닭은 역시나 지정학적 이점이 크기 때문이에요. 인도양의 한가운데 있는 디에고가르시아섬에서는 해상은 물론, 비슷한 거리에 있는 아프리카, 중동, 인도 등을 두루 관리할 수 있으니까요.

이제 시선을 돌려 남대서양으로 가서 어센션섬을 만나볼까요? 어센션섬은 화산섬입니다. 어센션섬이 남아메리카와 아프리카 한가운데에서 발달할 수 있었던 이유는 판의 경계에 해당하는 대서양 중앙 해령의 근처이기 때문이에요. 어센션섬은 영국의 해외 영토이자 나폴레옹 보나파르트 Napoléon Bonaparte 유배지로 잘 알려진 세인트헬레나 어센션 트리스탄다쿠냐에 속합니다.

어센션섬의 지정학적 장점이 가장 커진 시기는 제2차 세계대전 때예요. 멀리 이동할 때 중간에 머물며 물과 음식을 얻고 연료를 보충할 수 있는 화산섬의 존재는 돈으로도 살 수 없는 귀중한 존재였죠. 19세기 세계 패권을 쥐었던 영국의 시대는 저물었지만, 영국은 여전히 지정학적 요충지인 어센션섬을 관할하고 있고, 오늘날의 패권국인 미국은 영국이 닦은 기반 위에 더부살이 하는 방식으로 이곳에 군사 기지를 지었습니다. 어센션섬의 지정학적 위치가 그만큼 절묘하다는 뜻이죠. 특히 영국은 남아메리카의 아르헨티나와 벌였던 포클랜드 분쟁 당시 어센션섬을 중간 기착지로 삼아 군사 작전에 활용했어요. 그만큼 이곳의 쓰임새는 남달랐죠. 만일 지중해를 거쳐 수에즈 운하를 지나 홍해를 빠져나가는 뱃길에 문제가 생기면 십중팔구 대서양으로 가는 항해가 많아질 겁니다. 그렇게 되면 어센션섬은 다시 중요한 거점으로 활용될 거예요. 영국과 미국이 어센션섬에 군사 기지를 두고 꾸준히 관리하는 이유도 바로 여기에 있죠.

이처럼 바다 한가운데 솟은 화산섬은 작은 육지가 되어 지정학적으로 강력한 힘을 발휘합니다. 결론적으로 지정학적 중요성은 근본적으로 지리적 위치의 특성 및 판의 경계에서 일어나는 화산 활동과 밀접한 관련이 있답니다.

이야기 두 줄 요약

판의 경계, 특히 해양판과 해양판이 만나는 경계 지역에서는 대륙에서 한발 물러선 지역에 화산섬이 열 지어 발달하는 경우가 많습니다. 바다에 솟은 화산섬은 지정학적으로 중요한 전략적 위치를 갖습니다.

쓸모 있는 지리 수업

- 화산: 마그마 등의 물질이 행성 표면을 뚫고 나와 분출하여 만들어진 지형.

- 온대 기후: 적도 부근의 열대 기후와 극 부근의 한대 기후 사이에 해당하는 공간에서 나타나는 기후로, 대체로 온화하고 비가 알맞게 내림.

- 서안해양성 기후: 중위도에 부는 편서풍이 바다를 통과하면서 습기를 많이 머금은 상태에서 육지에 도달할 때 잘 나타나는 기후로 1년 내내 비가 고르게 내리는 편임.

더 읽어보기 | 화산섬이 지닌 또 다른 지리적 가치

환초의 형성 과정을 유추한 찰스 다윈은 비글호 항해 시 또 다른 화산섬을 지났습니다. 바로 갈라파고스 제도죠. '갈라파고스'라는 이름은 그곳에 사는 거대한 거북이 이름에서 따왔습니다. 파나마에 살던 스페인 주교가 페루를 향하던 중 정상 항로를 벗어나면서 우연히 닿으면서 인류는 갈라파고스 제도를 처음으로 만났죠. 이후 16세기 중반부터 영국을 필두로 한 제국주의 세력이 갈라파고스 제도를 찾았고, 19세기 초에는 인간이 살기 시작했어요.

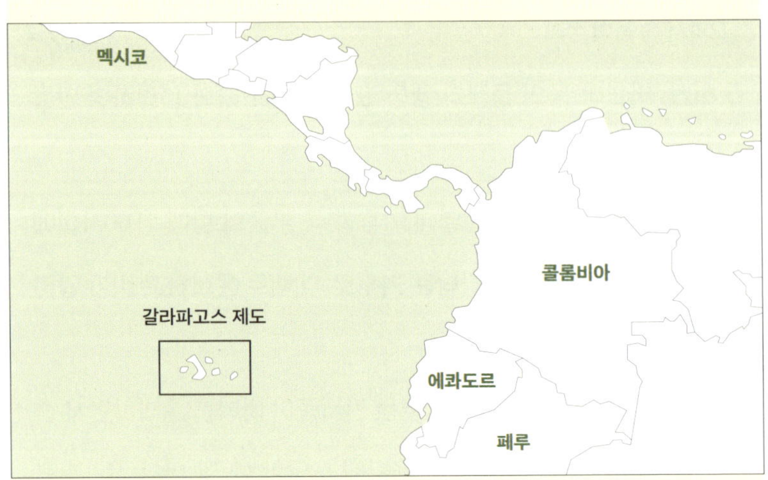

갈라파고스 제도의 위치 남아메리카 대륙에서 약 1,000km 떨어진 갈라파고스 제도는 각각의 섬이 독립적으로 일정한 거리만큼 떨어져 있어요.

다윈이 갈라파고스 제도에 도착한 건 정확히 1835년 9월 15일입니다. 비글호에 탑승했던 각 분야의 전문가는 영국 해군에 더 정교하고 확실한 정보를 제공하기 위한 자료를 모으려고 했죠. 다윈 또한 그런 임무를 지니고 있었지만, 더불어 식물 및 야생동물을 꾸준히 관찰하고 기록으로 남겼습니다. 훗날 다윈의 기록은 그가 진화론을 구상하는 데 큰 영감을 주었죠. 갈라파고스 제도는 남아메리카 대륙에서 약 1,000km 떨어져 있습니다. 항해술이 발달하기 이전에는 인류가 도달하기 쉽지 않은 거리였지만, 육지의 새와 연안의 해상 동물에게는 우연한 기회에 길을 내고 섬을 찾아 번식할 수 있는 거리이기도 했습니다. 이러한 지리적 거리와 더불어 갈라파고스 제도는 각각의 섬이 독립적으로 일정한 거리만큼 떨어져 있습니다. 대륙에서 한번에 도달하기 쉽지 않은 거리이지만, 한번 발을 들이면 여러 섬을 옮기면서 각각의 환경 조건에 맞게 진화할 수 있는 특이한 이점을 지닌 곳이 바로 갈라파고스 제도였어요.

다윈은 갈라파고스 제도에 사는 핀치새 부리를 채집한 뒤 그에 관한 생각을 정리하여 마침내 '진화론'이라는 기념비적인 사고 실험에 성공할 수 있었습니다. 이렇게 보니 생물 종의 진화에도 대륙에서부터 멀리 떨어진 화산섬이 관여한다는 것을 알 수 있죠.

앞선 관점으로 세계지도를 보면 인류사에 흥미로운 발자취를 남긴 많은 화산섬을 만날 수 있습니다. 모아이 석상으로 유명한 남태평양의 이스터섬은 어째서 환경이 수용할 수 있는 범위 내에서 인간 생활이 이루어져야 하는지를 일깨웁니다. 육지와 멀리 떨어진 화산섬은 그 지리적 거리 덕에 인류사에 풍성한 이야기를 만들어주고 있습니다.

화산 지역은 인간 생활에 도움을 주는 환경 조건을 만듭니다. 농작물을 생산하기에 매우 좋은 토양 환경을 제공하는데요. 땅속 깊숙한 곳에 있는 철이나 마그네슘 같은 성분이 땅 밖으로 나와서 작물이 자라는 데 필요한 성분을 풍부하게 제공하기 때문입니다.

쓸모 있는 지리 수업

2장

하천(메콩강)

강 하나가
나라의 운명을 바꾼다고?

비가 내리면 땅에 도달한 빗물은 어디로 갈까요? 한여름 아스팔트에 떨어졌다면 뜨거운 열기를 견디지 못하고 바로 증발하겠지만, 대부분은 땅 위를 흘러 낮은 곳을 찾아 갑니다. 만약 빗물이 농경지에 떨어졌다면 흙 사이로 흡수되고 집중호우가 내린다면 흙 위를 넘쳐흐를 테지요. 이처럼 빗물은 비가 내리는 땅의 조건에 따라 제각각 이동합니다. 물론 낮은 곳을 향해 꾸준히 흐르는 건 공통점이고요. 이곳저곳에 흩어져 있던 이런 빗물이 모여 물줄기를 만드는데요. 이를 하천河川이라 부릅니다.

그럼 하천을 조금 더 지리적으로 분석해 보죠. 크기에 상관없이 일정한 물길을 만들어 흐르는 물은 모두 하천입니다. 시냇물

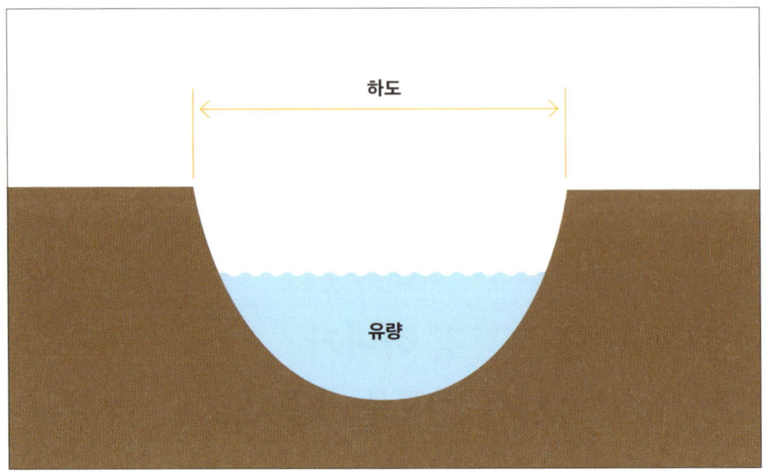

하천 모식도 하천이 흐르는 물길을 하도, 그 안에 흐르는 물의 양을 유량이라고 해요. 일반적으로 상류에서 하류로 갈수록 하도가 넓어지고 유량이 많아집니다.

이든 한강이든 넓은 의미에선 모두 하천에 속해요. 사람이 걷는 길을 인도人道라고 하듯이 물이 다니는 길은 하도河道라 부르고, 바람의 속도를 풍속이라 하듯이 물의 속도는 유속流速이라 불러요. 물의 깊이는 수심水深, 흐르는 물의 양은 유량流量이라 부르죠. 모두 하천을 제대로 이용하기 위해 만든 용어입니다.

우리나라에서는 국가가 관리하는 국가 하천, 지방에서 관리하는 지방 하천을 지정하여 전국의 물길을 파악하고 주변 시설을 종합적으로 관리하고 있어요. 국가에서 특별히 관리해야 할 만큼 하천은 중요한 물 자원이에요.

하천 하면 자연스레 강이 떠오르는데요. 강은 사전적으로 '넓

쓸모 있는 지리 수업

고 길게 흐르는 큰 물줄기'를 가리킵니다. 한강, 낙동강, 나일강, 아마존강처럼 내륙을 흐르는 크고 넓은 물줄기가 바로 강이죠. 집 근처에서 흐르는 시냇물이나 작은 물줄기를 강이라 부르지 않는다는 점에서 볼 때, 흐르는 물줄기를 더 넓게 이르는 말이 하천이라는 걸 알 수 있어요.

강은 순우리말로 '가람'이라 하는데, 혹시 '한가람'이라는 단어를 들어본 적이 있나요? '한'은 우리말로 '크다'는 뜻을 담고 있으니 한가람은 순우리말로 '큰 강'이라는 뜻이에요. 그러니 한가람 미술관, 한가람 백사장, 한가람고등학교 등은 모두 큰 강과 가까운 곳에 위치해 있거나, 큰 강과 같은 공간이라는 의미에서 지은 이름이죠.

이처럼 우리와 너무도 친숙하고 익숙한 하천과 강. 인류는 하천과 매우 밀접한 관계를 맺으며 살아왔기에 다양한 이야기를 담고 있어요. 지금부터 우리는 그 많은 강 중에서 인도차이나 반도에 흐르는 메콩강으로 떠나보려 합니다.

티베트 고원에서 발원한 메콩강

세계에서 손꼽을 정도로 길고 유량이 풍부한 메콩강은 여러 나라를 거쳐 흐르기에 중요성도 남다릅니다. 메콩강을 따라 흐르는 이야기를 알기 위해 먼저 메콩강의 지리적 면모를 파악해 볼까요? 메콩강은 길이가 약 4,425km입니다. 한반도에서 가장 긴 압록강의 길이가 약 790km이니, 얼마나 긴 강인지 짐작할 수 있죠. 이곳저곳을 여행하다 보면 강의 발원지로 유명한 곳이 있습니다. 우리나라 한강은 강원도 태백시 검룡소 일대가 발원지예요. 이런 발원지는 어떻게 알 수 있는지 궁금하죠? 강이 바닷물과 만나는 하구^{河口}에서 가장 멀리 떨어진 지점을 찾아 정합니다. 그러니 메콩강은 남중국해에서 가장 먼 지점이 약 4,425km 떨어져 있다는 것과 같은 뜻이기도 하죠.

메콩강의 발원지는 티베트 고원입니다. '세계의 지붕'이라는 별명이 있을 정도로 티베트 고원은 평균 해발고도가 4,000m가 넘습니다. 높고도 넓지요. 중위도에서도 워낙 높은 곳이다 보니 산악빙하가 정말 많아요. 겨우내 꽁꽁 얼었던 빙하와 눈은 여름철 기온이 오르면 슬며시 눈 녹은 물을 흘려보내는데, 이 과정이 중요합니다. 엄청나게 넓은 고지대의 얼음과 눈 녹은 물이 사방으로 흘러내리는 광경을 떠올려보세요. 그 많은 물은 어디든 낮은 곳을 찾아 흐르고 흘러 바다로 향할 거예요.

티베트 고원에서 발원한 강은 제법 많아요. 메콩강을 포함하여 인더스강, 갠지스강, 이라와디강, 양쯔강, 황허강 등 아시아에서 내로라하는 강 대부분이 티베트 고원에서 발원합니다. 티베트 고원의 지리적 존재감이 상당하죠? 티베트 고원에서 시작한

　　　　　쓸모 있는 지리 수업

인도차이나 반도 일대의 하천 지도 인더스 및 황허 문명에 영향을 준 대하천과 메콩강, 이라와디강 등은 모두 티베트 고원 일대에서 발원합니다.

10여 개 하천은 길고 긴 여정을 거쳐 아라비아해, 벵골만, 남중국해, 황해로 흘러들어요.

그중 메콩강은 지리적으로 크게 두 구간으로 나눌 수 있습니다. 하나는 중국 티베트 고원에서 시작해 산악 지역을 통과해 흐르는 구간, 다른 하나는 산악 지대를 벗어나 넓은 평원을 통과하는 구간입니다. 티베트 고원에서부터 주름살처럼 접힌 산지 사이를 구불구불 뱀처럼 지나는 메콩강은 태국을 지나면서 넓은 들을 향해 나아갑니다. 그렇게 태국과 라오스의 국경 역할을 하면서 흐르다가 캄보디아를 지나 베트남에서 긴 여정의 마침표를 찍는답니다.

메콩강 상류는 특급 배달부

메콩강 상류는 티베트 고원에서 시작해 라오스 수도인 비엔티안 정도까지의 구간입니다. 하천 상류 지역에서 가장 도드라지는 것은 산지 사이를 굽이쳐 흐르는 물줄기죠. 메콩강 상류 지역 지도를 자세히 보면 높고 험준한 산지가 여러 겹으로 주름져 있는 걸 볼 수 있어요. 주름진 산지는 신기 습곡 산지에 해당돼요.

메콩강 최상류에 해당하는 티베트 고원 바로 앞에는 세계에서 가장 높고 험준한 히말라야 산맥이 펼쳐져 있습니다. 히말라야 산맥은 인도판이 유라시아 대륙판과 부딪히면서 만들어진 대규모의 습곡 산지를 가리켜요. 히말라야 산맥이 높게 솟는 과정에서 전달된 힘으로 그 곁에 고지대로 남은 공간이 바로 티베트 고원이랍니다. 메콩강이 티베트 고원에서 발원했기 때문에 높고 험준한 신기 습곡 산지 사이를 요리조리 흐르게 된 것이죠.

메콩강 상류 지역은 산세가 험준하여 사람이 살 만한 넓은 공간이 부족해요. 하지만 스마트 지도에서 메콩강 상류 지역 일대를 확대해 보면 좁은 산줄기 사이로 간간이 들어선 마을이 보입니다. 이 마을은 산지 사이의 좁은 틈에서 약간의 여유를 가진 평지에 자리 잡고 있어요. 좁은 평지에는 작은 마을과 농경지가 조성돼 있고요. 이런 독특한 공간은 거대한 메콩강으로 흘러드는 작은 하천이 만나 만들어지는 경우가 많습니다. 라오스의 루앙

메콩강 유역 지도 메콩강은 여러 나라를 거쳐 흐르는 국제 하천이에요. 산지 사이를 통과하는 상류 구간은 물질 공급이 우세하고, 평야 사이를 통과하는 하류 구간은 상대적으로 물질 퇴적이 우세해요.

프라방이 대표적이죠. 루앙프라방은 메콩강과 남칸강이 만나는 곳에 형성된 너른 퇴적 지형입니다. 루앙프라방의 매혹적인 쿠앙시 폭포와 왓 시엥통 사원은 유명한 관광지이기도 합니다.

이쯤에서 메콩강 상류 지역이 갖는 의미를 짚어보려 합니다.

루앙프라방 전경 메콩강 상류 강변에 발달한 루앙프라방은 물과 산이 아름답게 어우러진 라오스의 유명 관광지예요.

산지, 그것도 높고 험준한 신기 습곡 산지를 휘돌아 흐르는 메콩강은 사실 강력한 물질 배달부예요. 메콩강이 운반하는 물질은 신기 습곡 산지에서 공급되는데요. 곰곰이 생각해 보세요. 우리 주변에 보이는 산의 모습은 어제와 오늘이 결코 같을 수 없습니다. 이를테면 우리나라 설악산의 울산 바위는 어제보다 오늘 더 바위의 모래 알갱이가 주변으로 데굴데굴 굴러 떨어졌을 거예요. 비가 오든 바람이 불든 이렇듯 서서히 지표면이 깎이는 과정을 침식侵蝕이라 합니다. 멀리서 산을 보면 항상 그대로인 것 같지만, 엄밀히 말하자면 오늘 다르고 내일 다르다는 것이죠.

신기 습곡 산지를 관통하는 메콩강은 좁고 깊은 계곡 사이로 흘러내리는 다양한 크기의 물질을 싣고 여행을 떠납니다. 물의 힘이 약해지는 구간을 만나면 물질을 바다까지 운반하지 못할 때도 있지만, 많은 물질을 하류로 운반하는 일을 멈추지는 않아요. 메콩강이 상류 지역의 물질을 운반하는 강력한 특급 배달부인 까닭입니다.

메콩강 하류는 넓고 고른 퇴적 지대

메콩강 상류 지역에서 운반돼 온 많은 양의 물질은 메콩강 하류의 공간 특징을 결정하는 핵심 요인이에요. 상류 지역에서 침식을 통해 물질이 공급되었다면 하류는 그 물질을 적절한 곳에 쌓는 퇴적 작용을 하죠. 상류 지역의 산지를 벗어난 메콩강은 라오스의 비엔티안에서부터 서서히 물길을 넓힙니다. 답답한 왕복 2차선 도로에서 왕복 10차선 고속도로로 나온 것처럼 메콩강의 물줄기는 거대해지죠.

비엔티안에서부터 펼쳐진 넓은 평야는 인도차이나 반도의 허리 아래까지 이어지는데요. 하류 구간은 상류 지역과는 경관이 완전히 다릅니다. 높고 험준한 산줄기는 온데간데없고, 메콩강 사이로 간간이 낮은 언덕과 넓은 들판이 교대로 나타나죠. 앞서 이야기했듯 하류 구간의 넓은 평야를 이루는 물질 대부분은 상류 지역 산지에서 왔어요. 산지에선 주먹만 한 돌멩이였다 해도,

오랜 시간 메콩강을 따라 내려오면서 어떤 것은 모래 알갱이, 또 어떤 것은 점토 크기로 작아지죠. 작게 쪼개진 물질은 유속이 느려지거나 특정 공간에서 맴돌게 되면 그 자리에 눌러앉는 경우가 많습니다.

메콩강이 바다와 가까워질수록 이런 과정은 더 극적으로 벌어져요. 태국과 라오스 국경을 형성하던 메콩강은 캄보디아의 프놈펜을 거쳐 베트남의 호찌민 곁에서 여정을 마무리합니다. 이 과정을 거치며 메콩강은 더욱 넓고 평탄한 퇴적 지형을 만들어 놓죠. 워낙 지대가 낮아 유속이 현저하게 느려진 탓도 있고, 너무 많은 물질이 한꺼번에 밀려오는 탓도 큽니다. 두 과정이 교대로 나타나다 보니 넓은 퇴적 지형이 만들어진 겁니다. 나아가 강물이 바닷물과 만나는 곳에서는 더욱 넓고 고른 퇴적 지형이 만들어지는데요. 이를 일컬어 '삼각주'라고 합니다.

오늘날 메콩강의 퇴적 지형에는 많은 인구가 살아가고 있어요. 캄보디아 프놈펜과 베트남 호찌민이 대표적인 곳인데요. 이들 대도시에서는 넓은 들판을 활용해 농사짓기가 매우 수월합니다. 대표 작물은 쌀이죠. 적도와 멀지 않아 1년 내내 덥기 때문에 벼를 재배하는 데 큰 도움이 되고, 저지대 습지가 많다 보니 아무 곳이나 땅을 파면 지하수를 얻기도 쉽지요. 이처럼 메콩강의 하류 지역은 같은 하천이라도 상류와는 전혀 다른 공간이랍니다.

 쓸모 있는 지리 수업

베트남 메콩 삼각주의 낀터 대교 메콩강이 바다로 흘러드는 지역에는 넓은 퇴적 지형인 삼각주가 발달해 있어요. 껀터 대교는 베트남 빈롱성과 껀터시를 잇습니다.

메콩강을 더 풍요롭게 만드는 몬순

'몬순'은 계절에 따라 탁월한 바람의 방향이 교대로 나타나는 현상을 뜻합니다. 여름철에는 주로 바다에서 육지를 향해, 겨울철에는 육지에서 바다를 향해 바람이 붑니다. 우리나라도 몬순의 영향을 받는데요. 여름철에는 덥고 습한 공기가 밀려와 아열대에 가까운 기후가 나타나고, 겨울에는 시베리아에서 불어온 찬바람이 한파 피해를 주기도 하죠. 몬순의 영향을 받는 지역은 덥고 습한 공기가 밀려오는 여름철에 비가 집중적으로 내려요. 우리나라도 여름철에 장마와 집중호우, 태풍 등이 잇달아 찾아오잖아요.

메콩강이 흐르는 인도차이나 반도 일대는 적도와 가까운 탓에 우리나라보다 몬순이 훨씬 더 강력한 위력을 발휘해요. 여름철에 비가 많이 내린다는 뜻이죠. 하지만 몬순이 찾아오는 여름철에는 메콩강 유량이 기하급수적으로 늘어나요. 여름철 메콩강에 찾아드는 몬순의 범위는 상류 지역에 속하는 산지도 포함하지요. 하류 지역은 말할 것도 없고요. 그래서 여름철 메콩강의 물줄기는 위세가 대단합니다. 겨우내 몸을 낮췄던 메콩강은 근육을 한껏 부풀린 보디빌더처럼 엄청난 물줄기로 주변 지역에 윽박을 지르죠. 그 위세를 제대로 확인할 수 있는 곳이 바로 캄보디아의 톤레사프 호수입니다.

톤레사프 호수는 동남아시아에서 가장 큰 호수입니다. 겨울철 톤레사프 호수는 수심이 1m 내외로 낮고 면적이 좁습니다. 한동안 비가 내리지 않기 때문이죠. 하지만 여름철 몬순이 찾아오면 주변이 거대한 호수로 탈바꿈하여 천지개벽 수준으로 환경이 바뀝니다. 몬순 시기 톤레사프 호수의 평균 수심은 약 9m에 달하고, 호수 면적은 약 7배가 늘어납니다. 이같은 톤레사프 호수의 극적인 변신은 어떻게 가능한 걸까요?

몬순 시기가 되면 본류인 메콩강은 이미 상류에서부터 흘러온 막대한 양의 물에 많은 강수량이 겹치면서 몸살을 앓습니다. 메콩강이 수용할 수 있는 물의 양을 넘어서니, 물은 메콩강으로 흘

톤레사프 호수와 메콩강 위치 톤레사프 호수는 여름철 몬순의 영향으로 우기 때 호수의 면적이 크게 넓어집니다.

러드는 톤레사프 호수로 역류하죠. 이런 이유 때문에 톤레사프 호수가 극적으로 변하는 거예요. 이러한 환경 변화에 적응하기 위해 톤레사프 호수 주변에 사는 사람들은 집을 높이 올려 짓습니다. 막대기로 높게 올려 지은 수상 가옥이 꽤 위태로워 보이지만, 이들은 몬순을 축복으로 여긴답니다. 몬순 때 집 앞까지 들어차는 물은 고기를 잡아 생계를 이어가는 이들의 삶의 터전이자 아이들의 물놀이장이 되니까요.

톤레사프 호수 이야기를 하다 보면 호수와 가까운 곳에 위치한 유네스코 세계유산이 머리를 스치는데요. 바로 앙코르와트

앙코르와트 전경 앙코르와트 사원 주변은 물을 담을 수 있는 해자가 조성돼 있어요. 해자는 우기 때 불어나는 물을 담고, 외적을 방어하는 데 유리한 구조물이에요.

사원입니다. 12세기 초 수르야바르만 2세가 지은 옛 크메르 제국의 사원인 앙코르와트는 아름다운 건축으로도 유명하지만 사원을 휘감은 해자와 연못도 사원 못지않게 아름답습니다. 해자는 사원 주변을 물로 채우고 있는 공간이에요. 외적의 침입을 막기 위한 목적도 있지만, 더 중요한 것은 몬순에 따른 물 피해를 대비하려는 목적으로 지어졌지요. 톤레사프 호수의 변화와 맞물려 해자의 물도 들고 빠지는 구조라는 게 참으로 신기합니다.

이처럼 지리적 환경 조건을 이해하면 인간 생활을 더 풍요롭게 엿볼 수 있습니다. 지리는 인류 역사를 이해하는 든든한 도구라는 걸 꼭 기억하세요.

쓸모 있는 지리 수업

메콩강을 두고 벌어지는 물 분쟁

메콩강은 중국을 시작으로 미얀마, 라오스, 캄보디아, 태국, 베트남을 거쳐 남중국해로 흘러들어요. 이렇게 여러 나라를 거쳐 흐르는 하천을 '국제 하천'이라 부릅니다. 두 개 이상의 국가를 거쳐 흐르면 국제 하천이라 부르는데, 메콩강은 여섯 나라를 거쳐 흐르니까 국제 하천 중에서도 남다른 존재죠.

국제 하천은 각 나라의 이해관계에 얽혀 민감한 공간이 되기도 합니다. 메콩강도 예외가 아니죠. 메콩강은 인도차이나 반도를 관통하며 다양한 국가의 생명줄 역할을 하다 보니 매우 민감한 국제 하천이라 할 수 있는데요. 특히 댐 건설 문제로 긴장감이 높아졌습니다. 메콩강의 최상류 지역에 해당하는 중국은 물론, 메콩강이 지나는 여러 국가에서 댐을 만들면서 자연스럽게 물 자원 활용에 관한 충돌이 일어난 것이죠. 크게 보면 중국과 동남아시아 여러 국가가 충돌하는 상황이에요.

중국은 메콩강 물 분쟁의 중심에 있는 나라인데요. 메콩강 최상류에 해당하는 티베트 고원에 10여 개의 댐을 만들었죠. 주변 마을에 전기를 공급할 수력 발전 때문에 댐을 지었다고 하지만, 하류에 위치한 국가 입장에서는 물이 원활하게 공급되지 않을까 봐 걱정할 수밖에 없어요. 중국이 댐을 건설하면서 메콩강 유량이 줄자, 하류 지역에 위치한 나라들도 댐을 만들어 물을 가두

메콩강 유역의 댐 현황 메콩강은 여러 나라를 거쳐 흐르는 국제 하천이에요. 많은 나라에 속한 물 자원이라서 분쟁 가능성이 높습니다.

는 일이 잦아지고 있어요. 그야말로 악순환이죠. 엎친 데 덮친 격으로 여름철 몬순이 늦게 찾아오거나 비가 적게 내리면 상황은 더욱 악화될 게 뻔합니다.

중국이 하류 지역에 위치한 국가보다 국력이 더 강한 것도 문제를 더 복잡하게 만드는 요인이에요. 중국은 21세기에 경제 및 군사 대국으로 성장했는데요. 이렇게 국가 간 힘의 불균형이 생기면 한 국가의 일방적인 결정으로 무력 충돌이 일어날 수도 있습니다. 만에 하나 메콩강 유역에서 군사 충돌이 일어난다면 갈등을 해결한다는 명목으로 많은 나라가 참전하고, 그러면 분쟁 규모는 세계적으로 커질 수밖에 없어요. 이런 상황 때문에 메콩강 유역에서 제3차 세계대전이 일어날 것이라고 예상하는 사람들도 있습니다. 이렇듯 메콩강 인근에 위치한 모든 국가는 메콩강이 생존을 위한 필수 자원이라 인식하고 있어요.

쓸모 있는 지리 수업

국제 하천에 관한 물 분쟁이 심화한다면 문제를 해결하기 위해 국제기구가 개입하는 것도 해결 방법 가운데 하나입니다. 두 사람 간에 다툼이 생겼을 때 제삼자가 상황을 객관적으로 바라볼 수 있는 것처럼 메콩강 상류 지역 국가와 하류 지역 국가에서 벌어지는 문제는 국제기구가 조정자 역할을 할 수 있죠. 최근 메콩강 유역 분쟁 및 중국과 인도 사이에 있는 갠지스강 분쟁에 국제연합이 중재자 역할을 자처한 건, 선택지가 제한된 물 분쟁에서 어쩔 수 없는 일이기도 합니다.

메콩강이 국제 하천이 아니라면, 물순에 따른 경제 활동이 일어나지 않는 강이라면 이런 국가 간 분쟁은 일어나지 않았을 거예요. 지리적 조건이 국제 문제에도 영향을 미친다는 사실이 참으로 흥미롭네요.

이야기 두 줄 요약

신기 습곡 산지처럼 높고 험준한 산지에서 발원한 하천은 유로가 길고 물질을 운반하는 힘이 강합니다. 특히 히말라야 산맥과 티베트 고원 같은 거대한 산지와 고원에서 발원한 강은 하류에 넓은 삼각주를 만드는 경향이 있습니다.

- 하천: 일반적으로 상류에서 하류로 갈수록 물의 양이 많아지고 폭도 넓어짐.
- 계절풍 기후: 계절마다 탁월하게 부는 바람의 방향과 성질이 다르게 나타남.
- 평야: 하천이 운반한 물질이 퇴적되어 발달함. 동아시아와 동남아시아의 큰 강 주변에는 평야가 널리 나타남.

더 읽어보기

메콩강 옆 짜오프라야강과 이라와디강

인도차이나 반도에는 메콩강과 더불어 존재감이 큰 강이 두 개 더 있습니다. 하나는 태국을 관통하는 짜오프라야강이고, 다른 하나는 미얀마를 관통하는 이라와디강입니다. 짜오프라야강과 이라와디강은 메콩강과 마찬가지로 티베트 고원 일대의 신기 습곡 산지에서 발원합니다. 차이점이 있다면 두 강은 대부분 한 국가 내에서 흐른다는 것이죠. 짜오프라야강은 대부분 태국, 이라와디강은 대부분 미얀마에 속합니다. 두 강은 길이와 물이 모여드는 면적만 다를 뿐, 지리적 속성이 같습니다. 짜오프라야강은 태국의 젖줄이에요. 메콩강과 마찬가지로 험준한 산지에서 물줄기를 따라 내려온 많은 양의 물질이 넓은

미얀마 양곤의 전경 미얀마 최대 도시이자 옛 수도인 양곤은 이라와디강의 풍부한 물과 넓은 농경지를 바탕으로 오래전부터 문명을 일궈왔어요. 미얀마는 인도에서 불교를 받아들여 문화를 꽃피웠지요.

평원을 만들었죠. 인간이 강을 이용하는 지혜가 늘면서 강 유역에 마을이 들어섰는데, 주민들은 마을 주변으로 농경지를 두어 풍성한 강물을 이용해 벼를 많이 재배했어요. 농경문화가 꽃을 피우면서 자연스럽게 이 지역은 문명과 왕조가 흥망성쇠를 거듭했지요.

이라와디강 또한 미얀마의 젖줄이에요. 이라와디강 주변은 짜오프라야강과 마찬가지로 신기 습곡 산지에서 내려온 물질이 차곡차곡 쌓여 만든 넓은 평원이 발달했습니다. 그래서 이라와디강 주변으로 만달레이를 비롯해 크고 작은 도시가 열 지어 발달할 수 있었죠.

흥미롭게도 미얀마의 수도 네피도와 최대 도시 양곤은 이라와디강에서 한 발 떨어져 있어요. 미얀마가 영국의 식민 지배를 받을 때 수도였던 해안 도시 양곤을 떠나 내륙 도시 네피도로 수도를 옮긴 데에는 복잡한 정치적 이유가 있습니다. 확실한 건 양곤의 지경학적 위치는 여전히 견고하다는 점입니다. 바다와 소통할 수 있는 양곤의 지리적 조건은 21세기 해양 물류 시대에 필수적인 이점이니까요.

짜오프라야강과 이라와디강은 물줄기가 국가 내로 한정되어 물 분쟁에서 자유롭다는 점도 큰 장점입니다. 메콩강처럼 댐 건설로 인한 국가 분쟁이 일어날 수가 없어요. 만약 각 나라의 지리적 조건을 제대로 이해하여 국경선이 정해졌다면, 적어도 물 분쟁만큼은 피할 수 있었을 텐데 정말 안타까운 일이죠. 이처럼 지리적 조건을 제대로 이해하는 일은 정치, 경제 등 여러 방면에서 상당히 중요한 문제입니다.

더 생각해 보기 — 메콩강과 닮은 갠지스강과 창장강

높고 험준한 신기 습곡 산지에서 발원한 강은 모두 메콩강과 비슷한 패턴을 보일까요? 결론부터 말하면, 대체로 그렇습니다. 갠지스강은 주름진 산줄기를 굽이굽이 흘러 벵골만으로 흘러드는데요. 그 과정에서 상류에서는 삶의 터전이 좁게 형성되지만 하류로 내려올수록 넓은 평원으로 뒤바뀝니다. 그 끝에 갠지스강 삼각주가 있지요. 중국의 최대 하천인 창장강도 그렇습니다. 굽이굽이 상류 구간을 흐른 창장강은 황해에 이르러 거대한 양쯔강 삼각주를 만들어놓았죠.

메콩강 삼각주에 호찌민이 있다면 갠지스 삼각주에는 상해가 있습니다. 넓고 평탄하고 물을 구하기 쉬우며, 배가 드나들 수 있는 곳이리 오래전부터 사람들이 모여들어 대도시로 발달하기 쉬웠답니다.

3장

카르스트 (구이린)

석회암이 어떻게 이렇게 신비한 풍경을 만들었을까?

애니메이션 〈쿵푸 팬더〉를 본 적이 있나요? 이 작품의 주인공은 자이언트 판다 '포'인데요. 평화의 계곡에 사는 포는 아버지의 국수 가게에서 일하고 있지만, 국수 장인이 되길 바라는 아버지의 뜻과는 달리, 오직 쿵푸 마스터가 되겠다는 꿈만 꾸고 있죠. 그러던 어느 날, 포는 쿵푸의 비법이 적힌 용문서의 전수자를 정하는 '무적의 5인방' 대결을 보러 시합장을 찾고, 그곳에서 대사부는 용문서의 전수자로 포를 지목합니다. 그때부터 포의 사부 시푸는 포에게 쿵푸를 전수하기 시작하지요. 갑자기 왜 〈쿵푸 팬더〉 이야기를 하냐고요? 포가 무술을 배우는 공간과 용의 전사임을 점지받는 공간에 대해 이야기하기 위해서예요.

카르스트 산맥 모습 카르스트는 석회암이 오랜 시간 물에 녹아서 만들어진 지형으로 주변 경관과 어울려 아름다운 모습을 연출합니다.

물론 이 영화는 상상 속 공간이 배경이지만, 영화 속에 묘사된 산세를 보면 중국 구이린桂林이 떠오릅니다. 봉긋봉긋 솟은 봉우리가 어우러진 산세가 신묘한 느낌을 선사하는 곳이죠. 이러한 경관은 세계적으로도 보기 드문 풍광입니다. 그래서 많은 사람들이 죽기 전에 가봐야 할 여행지로 구이린을 꼽는답니다.

지리학에서는 구이린 일대의 신묘한 경관을 '카르스트Karst' 지형이라 부릅니다. 카르스트라는 용어는 고대 유럽과 중동에서 암석을 뜻하는 말인 카르라Karra에서 왔는데요. 이후 카르라는 유럽 슬로베니아 남서부 크라스Kras 지방의 어원이 되었고, 크라스의 독일어 발음 카르스트로 불리면서 지금과 같은 명칭으로 굳어졌어요. 크라스 지방에 가면 구이린처럼 아름답고 독특한 지형을 만날 수 있지요.

카르스트 지형의 기반암은 석회암입니다. 석회암은 따뜻하고 얕은 바다에 살던 산호와 조개껍데기 등이 굳어 만들어졌죠. 석회는 곧 탄산칼슘입니다. 탄산칼슘은 빗물에 잘 녹는 성질이 있는데요. 강수량이 풍부한 석회암 지대에서 다양한 모양의 카르스트 지형이 만들어지는 이유가 바로 이 때문입니다.

석회암을 정교하게 다듬는 조각칼은 용식溶蝕 작용이에요. '용식'은 석회암이 물을 만나 살살 녹은 과정이라고 할 수 있어요. 용식 작용을 주도하는 빗물은 석회암을 어르고 달래면서 살살 녹입니다. 용식 작용은 물리적인 힘을 직접 가하지 않고 암석을 화학적으로 변형시키는 마법사와 같은 것입니다. 입 안에 넣고 살살 녹이면 어느새 몸집이 작아지는 사탕과 같다고 할까요?

〈쿵푸 팬더〉에서 포가 무술을 연마하던 중국 구이린은 세계 최대 규모의 카르스트 지형을 보유하고 있습니다. 구이린이 속한 중국 남부의 카르스트 지대는 유네스코 세계유산에 등재되어 보존 가치를 인정받았죠. 넓은 지대에 만들어진 탑 모양, 고깔 모양 등의 카르스트 지형이 연출하는 구이린 경관은 한 폭의 그림과도 같습니다. 아름다운 구이린에는 어떤 인간의 이야기가 아로새겨져 있는지 지금부터 여행을 떠나볼까요?

비와 석회암이 탄생시킨 구이린

중국인들은 구이린을 천하제일의 산수라 말합니다. 그만큼 아름 답다는 뜻이겠죠. 앞서 이야기했듯 그런 절경을 만든 주역이 바 로 고생대 석회암입니다. 구이린은 카르스트 지형 중에서 '탑카 르스트'에 해당합니다. 그럼 탑카르스트는 어떻게 만들어질까요?

탑카르스트는 이름 그대로 탑처럼 생겼어요. 이 탑은 한두 개 가 아닌 수백 수천 개가 어우러져 위풍당당한 자태로 각자의 멋 을 뽐내면서도 한데 어우러져 숨 막히는 비경을 자아냅니다. 탑 카르스트가 있다는 건 구이린 일대가 따뜻하고 얕은 바다였다는 것을 보여줍니다. 얕은 바다에 살던 산호와 조개, 어류의 뼈 등이 잘 버무려져 굳은 게 석회암이거든요.

석회암이 오늘날 땅 위로 모습을 드러낸 건 땅이 위로 솟아오 르는 과정을 거쳤다는 뜻이기도 해요. 이 과정에서 다양한 방향 의 힘을 받아 땅이 갈라졌을 테고, 바다에서 육지로 바뀌는 동안 에는 억눌렸던 힘에서 해방되면서 부피가 늘어 그런 과정이 더 심화됐을 거예요. 가령 겨울철에 크림을 제대로 바르지 않으면 손등이 트는 것처럼, 땅도 기지개를 켜는 과정에서 표면이 트는 경우가 많거든요.

그렇다면 얕은 바다였던 구이린 일대의 땅을 들어 올린 힘은 뭘까요? 이 과정에 가장 크게 관여한 건 뜻밖에도 인도 반도입니

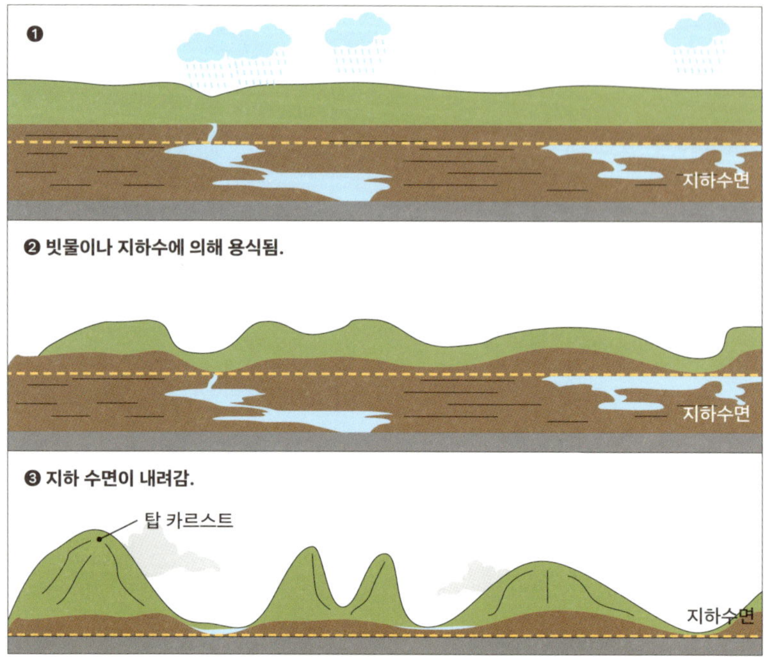

탑카르스트의 형성 과정 구이린이 해당되는 탑카르스트는 빗물이나 지하수에 용식된 지하수면이 가라앉으면서 형성되었어요.

다. 중국 서남부 지역은 히말라야 산맥을 경계로 인도 반도와 티베트 고원이 얼굴을 맞대고 있는데요. 원래 인도 반도는 대륙이 한데 모여 있던 아주 오래전에는 아프리카 대륙 가까이에 있었어요. 이후 서서히 북반구로 이동하여 아시아 대륙과 부딪혀 강력한 에너지를 만들면서 세계에서 가장 높은 히말라야 산맥을 만들어낸 것이죠. 이 과정에서 히말라야 산맥 주변으로 아주 넓은 지역에 걸쳐 땅이 솟아오르고 복잡하게 갈라지는 일이 생겼

쓸모 있는 지리 수업

는데요. 구이린은 이때 얕은 바다에서 육지로 옷을 갈아입게 된 거예요.

구이린 일대의 석회암은 땅 위로 모습을 드러낸 이후 촉촉한 비를 맞으며 오랜 시간에 걸쳐 용식 작용을 받았습니다. 서서히, 그리고 꾸준히 몸을 비워내는 과정을 겪으면서 상대적으로 용식에 강한 성질을 가진 부분과 땅이 갈라진 사이사이 지역은 독립된 탑 모양으로 남을 수 있었지요. 삼겹살을 굽는 불판을 한번 떠올려보세요. 움푹 패인 곳을 따라 기름이 모여 흐르잖아요. 마찬가지로 갈라짐이 큰 자리 위주로 용식이 이루어지면서 탑카르스트 지형은 지금처럼 굴곡이 심한 모습을 서서히 갖추어 갔습니다.

구이린 일대 전경 탑카르스트 군락이 자아내는 전경은 마치 한 폭의 산수화를 보는 것처럼 아름답습니다.

구이린의 탑카르스트 지형을 더욱 매끄럽고 알차게 만든 도우미도 있어요. 바로 아열대의 습한 기후예요. 구이린 일대는 위도 25도 내외에 있는데, 아열대 기후의 특징을 보이기 때문에 습도 조건이 안정적이죠. 여름철에는 적도 일대에서 덥고 습한 계절풍이 찾아오기도 해서 1년 내내 건조한 날이 거의 없을 정도예요. 이러한 기후 특징은 석회암을 더욱 빠르게, 그리고 안정적으로 용식하는 뒷받침이 되었지요. 제아무리 석회암이 풍부하더라도 비가 오지 않는 곳이라면 카르스트 지형은 만들어질 수 없을 테니까요.

구이린의 지리적 특성을 담은 여행

구이린은 매년 수백만 명이 찾는 중국 최고의 여행지예요. 안개가 드리워진 구이린의 풍경은 영화 속 특수효과처럼 초현실적인 느낌을 주지요. 구이린 풍경의 백미인 탑카르스트는 마치 진시황 병마용갱의 병사 인형처럼 늠름한 모습으로 여행객을 맞이합니다. 이처럼 신비로우면서도 아름다운 구이린의 탑카르스트 지형은 리강 크루즈를 통해 감상하는 게 제격입니다.

리강은 구이린의 영혼이라 불려요. 중국 남부를 아우르며 남중국해로 흘러드는 주강珠江 상류의 작은 강이죠. 주강은 좌우로 넓고 좁게 흐르면서 광저우와 홍콩, 마카오 일대로 넓게 퍼져 흘러

리강 크루즈의 경로 리강 크루즈는 구이린 여행에서 빠질 수 없는 코스예요. 약 5시간에 걸쳐 유람하는 뱃길 여행은 아름다운 구이린 풍경으로 탄성을 자아냅니다.

요. 바꿔 말하면 리강은 광저우에서 주강을 거슬러 올라 내륙 깊숙한 석회암 지대에서 만나는 구이린의 혈관과도 같습니다.

리강은 구이린 시가지에서 남쪽으로 흐르면서 가장 밀도가 높은 탑카르스트 지대를 관통해 흐르는데요. 리강 크루즈에 오르면 작게는 약 30m에서 크게는 약 300m에 이르는 탑카르스트를 가까이에서 감상할 수 있어요.

구이린 시내에서 출발하는 리강 크루즈는 시내를 벗어나면서 활짝 열린 시야를 펼쳐 보입니다. 하지만 남쪽으로 조금만 내려오면 탑카르스트의 거대한 군락에 묻혀 시야가 닫히는 경험을 할 수 있죠. 열렸다 닫히는 공간 변화는 석회암 용식 작용이 모든 지역에서 균등하게 이루어지지 않았다는 걸 뜻해요. 어떤 곳은 활발히 용식을 받아 낮은 평지를 이루고, 또 어떤 곳은 상대적으로 용식의 정도가 약해서 나타난 변화이지요. 이처럼 자연은 언제나 다양성을 추구합니다. 자연에서 배울 점이 참 많죠?

스마트 지도로 확인해 보니 열린 공간에는 구이린 시가지가 발달했고, 닫힌 공간은 잘 보존하여 세계적인 여행지가 되었는데요. 바로 수많은 여행객을 맞이하는 마을 양쉬입니다. 양쉬는 구이린에서 남쪽으로 65km 정도 내려오면 만날 수 있어요. 여행자에게 널리 알려져 있는, 작지만 강한 브랜드 가치를 지닌 마을이죠. 구이린은 경관의 가치가 매우 뛰어나서 유네스코 세계유

리강 크루즈 전경 크루즈를 타고 만나는 리강 유역의 전경은 신선놀음에 견줄 정도로 고즈넉하고 신비롭습니다.

쓸모 있는 지리 수업

산 목록에 당당히 이름을 올렸습니다. 리장 국립공원이 후에 유네스코 세계유산 목록에 이름을 올린 건 어쩌면 당연한 일인지도 모르겠어요.

이처럼 지리적으로 가치 있는 곳을 여행할 때는 해당 지역의 지리적 의미를 제대로 알고 여행한다면 훨씬 의미 있는 여행이 될 거예요. 관광지를 구경하고 그곳의 대표 음식을 먹고 물건을 사는 단순한 행위를 넘어선 이러한 여행 방식을 '지오투어리즘'이라고 부릅니다. 구이린의 카르스트 지형이야말로 지오투어리즘의 취지에 잘 어울리는 장소죠. 구이린의 카르스트 지형이 뛰어난 경관을 연출하는 까닭을 알고, 이곳에 기대어 사는 사람들의 생활양식을 들여다보는 일은 이곳을 다른 관점에서 바라보게 합니다. 개발과 훼손보다 보존과 유지를 더 중요하게 생각하는 태도를 갖게 만들죠.

다양한 공간이 어우러지면서 오랜 세월에 걸쳐 만들어진 구이린의 비경은 인간의 힘으로는 도저히 만들 수 없는 자연의 위대함을 보여줍니다.

구이린에 새겨진 인간의 이야기

고생대 석회암 지대에 만들어진 구이린은 땅의 역사만큼이나 오래된 인간의 역사를 담고 있습니다. 구이린은 행정구역상으로

광시좡족자치구에 속합니다. 이름이 길지만 간단히 말해 '좡족'
이라는 중국의 소수 민족이 사는 곳이라는 뜻입니다. 좡족은 인
구가 2,000만 명에 이르는 대규모 집단입니다. 중국 남부와 베트
남 북부 지역에 두루 거주하는 태국계 민족이죠. 중국 내에서는
소수 민족으로 분류하지만, 한족 다음으로 인구가 많은 집단이
기도 해요.

구이린의 첫 주인은 1만여 년 전에 이곳에 정착하여 모계 사회
를 구축한 사람들로 알려져 있어요. 이들은 오늘날 구이린 시가
지 근처에 모여 살면서 수천 년에 걸쳐 고유문화를 만들어왔죠.

좡족 여성 좡족은 중국 최대 소수민족이에요. 좡족 전체 인구의 약 99퍼센트가 광시좡족자치구에
삽니다.

쓸모 있는 지리 수업

이후 리강을 따라 좁은 지역에 살던 바이웨족(단일 민족을 가리키는 것이 아니라, 고대 중국 남부와 베트남 북부에 걸쳐 살았던 여러 비非 한족 계열 민족들의 총칭) 문화가 섞이면서 구이린 문화의 밑그림이 다져진 것입니다.

구이린이 본격적으로 중국으로 편입된 건 기원전 214년, 진나라의 영토 확장 때입니다. 구이린은 광시 지역의 주도로 낙점되었고, 이후 명과 청나라 시대를 거치면서 중심지로 성장 가도를 달렸습니다. 구이린이 광시 지역 중심지로 성장할 수 있었던 건 오롯이 지리적인 특성 덕분입니다. 스마트 지도에서 구이린을 보면, 북쪽으로는 힝앙을 거쳐 창장강으로 나아갈 수 있고, 남서쪽으로는 난닝과 광저우를 거쳐 바다에 닿을 수 있는 네트워크의 길목임을 알 수 있습니다. 헝양과 난닝, 광저우는 구이린을 거점으로 삼아 광역 고속철도와 도로를 통해 원활하게 오갈 수 있죠. 20세기 들어 세계 경제의 무게 중심이 바다로 이동하면서 내륙에 위치한 구이린은 자연스럽게 힘을 잃기 시작했습니다. 상대적으로 바다와 가까운 난닝에 광시의 주도 자리를 넘겨주게 되었습니다.

난닝 하면 무엇이 생각나나요? 역사에 관심 있는 친구라면 중일전쟁을 금방 떠올릴 거예요. 난닝은 일본이 두 번이나 점령했던 도시입니다. 중일전쟁 당시 난닝이 뺏고 빼앗기는 격전지가 된 까닭은, 앞서 이야기했듯 남중국해로 통하는 지리적 이점 때

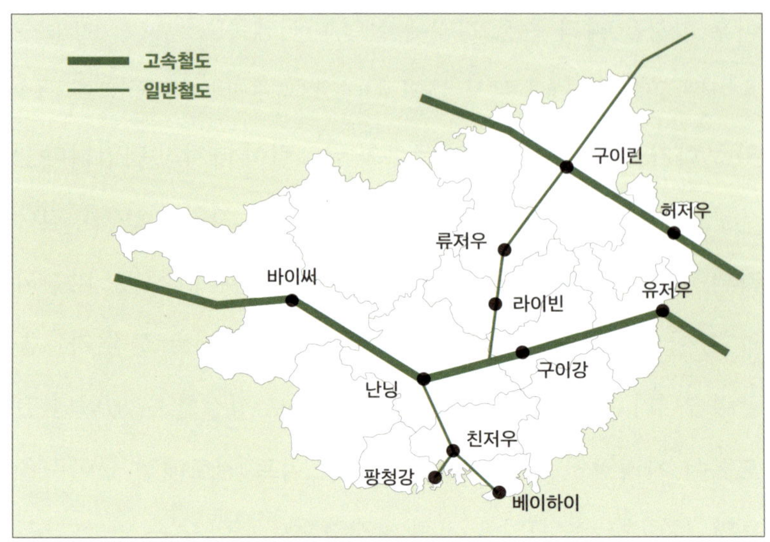

광시좡족자치구의 고속철도 노선도 광시좡족자치구는 잘 갖춰진 고속철도와 정기 철도망을 가지고 있어요. 구이린, 난닝은 교통의 핵심 연결 지역입니다.

문입니다. 바다에서 한 발 물러선 너른 자리이자, 구이린을 거쳐 내륙과 소통할 수 있는 난닝의 지리적 이점은 침략자나 방어자나 차지하고 싶은 요충지일 수밖에 없죠.

중일전쟁 당시 구이린은 난닝으로 거슬러 올라오는 일본군을 방어하는 최후 방어선이었습니다. 난닝이라는 열린 공간에서 구이린에 가려면 닫힌 공간을 지나야 하는데요. 이런 길목마다 병사들이 진을 침으로써 일본군 진출을 억제하는 효과를 발휘했어요. 특히나 탑카르스트 지형은 좁고 들쭉날쭉하기 때문에 적은 수의 병력으로 진을 칠 수 있는 공간이 정말 많았죠. 이처럼 공간에 아로새겨진 인간의 이야기는 공간의 질서를 거스르지 않는 경우가 많습니다.

바다의 구이린이라 불리는 베트남 할롱베이

구이린에서 시선을 옮겨 베트남 통킹만으로 가볼까요? 베트남 북부 통킹만에 가면 바다의 구이린이라 불리는 할롱베이를 만날 수 있어요. 할롱베이는 베트남 최대 관광지로 통할 만큼 세계적으로 유명한 곳입니다. 할롱베이 사진을 본 어떤 사람은 구이린의 리강 크루즈에서 찍은 사진 아니냐고 착각할지도 몰라요. 그만큼 두 지형은 무척 닮았습니다.

탑 모양과 원뿔 모양의 암석 기둥이 즐비한 할롱베이는 구이린과 마찬가지로 옛 바다의 석회암 지대가 솟아올라 탑카르스트 지형으로 발달했습니다. 할롱베이도 주로 인도 반도가 유라시아 대륙과 부딪히는 과정에서 솟아올랐지요. 이후 여러 방향으로 갈라진 틈을 따라 빗물이 흐르고, 그 과정에서 상대적으로 용식 작용을 덜 받은 지역이 우뚝 솟은 모양으로 남은 게 바로 할롱베이입니다. 할롱베이가 구이린과 다른 점이 있다면, 바닷물이 차오르는 과정이 있었다는 것뿐이죠.

지구가 매우 추웠던 마지막 빙기 땐 지금보다 해수면이 약 100m 낮았습니다. 전 세계적으로 그랬어요. 이후 지구의 기온이

베트남 할롱베이 전경 할롱베이는 구이린의 탑카르스트 지형이 형성된 과정과 거의 흡사합니다. 차이점이 있다면 오늘날 할롱베이는 탑카르스트 주변을 바닷물이 에워싸고 있다는 것뿐입니다.

점차 오르면서 빙하 상태로 있던 얼음이 녹고, 그 녹은 물이 바다로 흘러들면서 자연스럽게 해수면이 높아졌죠. 해수면이 점차 높아지면서 낮은 지대를 물로 메워가는 중에 할롱베이 일대가 바닷물에 잠기게 된 것입니다. 구이린이 할롱베이보다 상대적으로 더 높은 지대여서 바닷물에 잠기지 않았던 거예요. 할롱베이를 에워싼 바닷물을 걷어내면 구이린과 다를 바 없는 같은 공간이라는 점이 신기하지 않나요?

베트남 정부는 할롱베이를 깟바 국립공원으로 지정하여 특별 관리하는 중입니다. 깟바 국립공원은 할롱베이의 깟바섬 일대를

쓸모 있는 지리 수업

포괄하는 권역으로 유네스코 세계유산으로 등재되어 있답니다.

생태계 보전에 대한 인식이 낮은 시절, 깟바섬은 워낙 유명한 여행지이다 보니 무분별하게 개발되었습니다. 한때 한 목재 회사의 사유지일 정도로 관리가 허술했죠. 하지만 깟바섬의 보존 가치가 매우 뛰어나다는 인식이 자리 잡으면서 베트남 정부는 각별한 노력을 기울이고 있습니다. 할롱베이 일대는 특히 생물종이 다양한 것으로 유명한데요. 국제자연보전연맹이 특별 관리하는 멸종 위기 종 깟바(황금머리) 랑구르라고 알려진 원숭이가 깟바섬의 마스코트랍니다.

깟바섬에 기대어 사는 사람들의 수상가옥은 할롱베이의 아름다운 비경과 맞물려 한 폭의 산수화 같은 풍경을 선사합니다. 이쯤 되면 할롱베이를 바다의 구이린이라 불러도 손색이 없겠죠?

이야기 두 줄 요약

과거 얕은 바다에서 쌓여 암석이 된 석회암 지대에는 카르스트 지형이 발달할 수 있습니다. 빗물이나 지하수를 만나 용식 과정을 거치면서 만들어졌지요.

- 할롱베이: 베트남 북서부에 있는 만(灣)으로, 탑 모양으로 생긴 석회암 지형으로 유명함.
- 석회 동굴: 석회암이 지하수와 반응하여 만들어진 동굴.

더 읽어보기

통킹만의 인근 도시 하이퐁

할롱베이는 통킹만에 있습니다. 통킹만은 중국 영토의 최남단인 하이난섬과 레이저우 반도로 둘러싸인 작은 바다예요. 통킹만은 완벽히 육지로 가로막힌 건 아니고, 좁은 바다인 충저우 해협으로 연결된, 부분적으로 열린 바다입니다. 통킹만이 중요한 이유는 중국과 베트남이 국경을 맞댄 앞바다이자, 남중국해로 나가는 길목에 해당하기 때문이에요.

통킹만과 가까운 베트남의 주요 도시는 항구 도시 하이퐁입니다. 하이퐁은 베트남에서도 세 손가락 안에 드는 핵심 도시이자 공업도시죠. 하이퐁은 통킹만에서 가까운 작은 어촌에 불과했지만, 15세기 유럽의 대항해 시대가 열리면서 외국 선박이 통항하는 항구 도시로 성장했어요. 하이퐁은 수도 하노이를 관통하는 홍강과 그 곁의 껌강에 발달한 넓은 삼각주 지형에 위치해 있습니다.

베트남 하이퐁항 전경 하이퐁항은 베트남 북부 최내 항만이에요. 베트남 정부는 하이퐁항이 글로벌 물류 거점으로 성장할 수 있도록 지원을 아끼지 않는답니다.

19세기 말 베트남 왕조는 하이퐁의 전략적 중요성을 인식하고 이곳을 무역 거점으로 활용하기도 했어요. 당시 베트남 왕조는 하이퐁에서 수도 하노이까지 홍강을 따라 수월하게 진입할 수 있는 지리적 특징을 간파하고 군대를 주둔시켜 방어에 주력했죠. 하지만 무력을 앞세운 프랑스가 베트남 식민 지배에 성공하면서 하이퐁은 프랑스의 전략 항구로 옷을 갈아입었습니다. 프랑스는 당시 중국 윈난성과 통상하려면 통킹만이 중요하다는 것을 간파했던 거예요. 하이퐁이라는 이름이 '바다를 방어한다'는 뜻을 가지고 있는 것도 이러한 역사적 배경이 반영되었기 때문입니다.

하이퐁은 제2차 세계대전과 베트남 전쟁을 치르면서 그 지정학적 가치로 수많은 폭격을 감당해야 했습니다. 하지만 전쟁이 끝난 후 지정학적 가치는 지경학적 이점으로 전환되었어요. 유럽과 아시아를 오가는 수많은 무역선이 할롱베이가 있는 하이퐁 항구를 거쳐 가는 일이 많아진 것이죠. 내륙의 광산에서 석탄을 캐 모으고, 공장을 돌려 산업화를 이룬 곳도 바로 하이퐁입니다.

최근 하이퐁은 산업 구조의 체질 개선을 위해 노력 중입니다. 어지간한 생필품과 대형 자재를 만드는 공장이 있는 것은 물론이고, 최근에는 첨단 및 친환경산업이 하이퐁의 경제 성장을 주도하고 있습니다. 우리나라 LG그룹도 디스플레이, 전자, 화학 산업 등을 투자할 정도로 하이퐁은 성장 가도를 달리고 있습니다.

하이퐁은 지정학적 특성으로 군사 중심지로서 면모를 갖추면서도 지경학적 무역 거점으로서 경제 성장을 이루는 두 마리 토끼를 잡은 흥미로운 공간입니다. 중국 구이린이 내륙의 네트워크 거점 도시로 활약한다면, 하이퐁은 바다의 네트워크 거점 도시로 활약합니다. 탑카르스트라는 걸출한 세계유산이자 여행 자원을 보유한 두 공간은, 모두 석회암이 지휘하는 같은 듯 다른 공간인 셈입니다.

아프리카에도 카르스트 지형이 있을까요? 있습니다. 석회암이 있는 곳이라면 어느 곳에서든 카르스트 지형이 만들어질 수 있어요. 아프리카 대륙에서 가장 유명한 카르스트 지형을 간직한 곳은 신비의 섬 마다가스카르입니다. 마다가스카르 칭기 국립공원에 가면 유네스코 세계유산으로 지정된 카르스트 지형을 만날 수 있어요. 날카로운 조각칼로 세밀하게 다듬은 모습을 한 카르스트 지형은 신묘한 분위기를 뿜어냅니다.

4장

사막(타클라마칸)

사막은 왜
'가능성의 땅'이라 불릴까?

소설가 생텍쥐페리가 쓴 《어린 왕자》 4화를 보면 사막이 아름다운 이유에 관한 이야기가 나와요. 끝없이 펼쳐진 사막에서 목마름을 해결하고 싶은 주인공의 바람과는 달리, 어린 왕자는 동문서답하듯 사막의 아름다움에 대해 이야기하죠. 생텍쥐페리는 사막이 아름다운 건 어딘가 우물을 감추고 있어서라는 말을 통해 중요한 건 눈에 보이지 않는다는 깨달음을 줍니다.

지리적 관점에서 《어린 왕자》에 묘사된 사막 일화 중 몇 가지가 눈에 띄는데요. 낮에는 피부가 타는 것처럼 뜨겁지만 밤이 되면 어느새 추워지는 일교차, 맑은 밤하늘에서 금방이라도 쏟아질 듯 반짝이는 무수히 많은 별, 완만한 모래언덕과 달빛 아래 비

치는 모래 주름, 어딘가에 있을 우물에 대한 언급이 바로 그것입니다. 생텍쥐페리가 상상한 이런 배경은 사실 사막의 여러 유형 중 하나에 속합니다. 무슨 뜻이냐고요?

사막은 일반적으로 연 강수량이 250mm 미만인 지역을 가리킵니다. 이 조건을 만든 건 독일의 기후학자 블라디미르 쾨펜 Wladimir Peter Köppen 이에요. 쾨펜은 세계 여러 지역의 기후 데이터를 종합하여 연 강수량이 500mm보다 적으면 건조 기후라고 구분했어요. 연 강수량이 250mm보다 적을 때는 사막 기후로 정의했고요. 이 조건에 비추어 보면 사막은 비가 거의 오지 않는 지역을 말하는 것이죠.

일반적으로 사막이라 하면 거대한 모래언덕과 아름다운 모래 주름을 상상하거나, 낮에는 뜨겁고 밤에는 추운 환경을 떠올립니다. 하지만 그렇지 않은 사막도 많아요. 해발고도가 매우 높고 비가 오지 않는 고지대나, 극도로 추운 극지방 같은 경우가 그렇죠. 두 지역을 사막이 아니라고 여기기 쉽지만, 기후 관점에서는 모두 사막으로 분류할 수 있어요.

그렇다면 우리가 일반적으로 머릿속에 떠올리는 사막, 앞서 생텍쥐페리가 묘사한 사막은 어디일까요? 바로 사하라 사막입니다. 생텍쥐페리는 사막을 아주 좋아했다고 해요. 사하라 사막에는 거대한 모래언덕이 많고 맑은 날이 많아 밤하늘에 별이 늘

반짝이거든요. 어린 왕자의 친구인 귀여운 사막여우가 사하라 사막에 많이 사는 것만 봐도 그가 얼마나 사막을 좋아했는지 알 수 있어요. 뽀로로의 친구 에디도 사막여우랍니다.

비가 오지 않으려면 몇 가지 변수가 필요한데요. 비가 올 수 없는 기후 조건이거나 다른 곳에서 오는 비구름을 완벽히 차단하거나 대륙 깊숙한 곳에 있어서 비구름을 만들 수 있는 물이 없어야 합니다. 세계적으로 유명한 사막은 대부분 이런 조건을 충족하는 곳에 형성되죠.

우리는 생텍쥐페리가 사랑한 사하라 사막이 아닌, 내륙 깊숙한 곳에 위치한 사막에 가볼 거예요. 어디냐고요? 바로 타클라마칸 사막입니다. 머나먼 내륙의 사막에는 어떤 공간적 의미가 담겨 있는지, 타클라마칸 사막을 중심으로 세계의 사막으로 여행을 떠나볼까요?

타클라마칸 사막의 밑그림 그리기

세계지도를 꺼내 펼쳐보세요. 중국을 찾은 뒤 중국의 서북쪽으로 달리면 거대한 산지 사이로 움푹 패인 땅을 만납니다. 위로는 톈산 산맥, 왼쪽으로는 파미르 고원, 아래로는 쿤룬 산맥과 티베트 고원으로 둘러싸여 있고, 오른쪽으로는 열려 있는 곳. 그곳이 바로 타클라마칸 사막이에요. 타클라마칸 사막을 둘러싼 지형

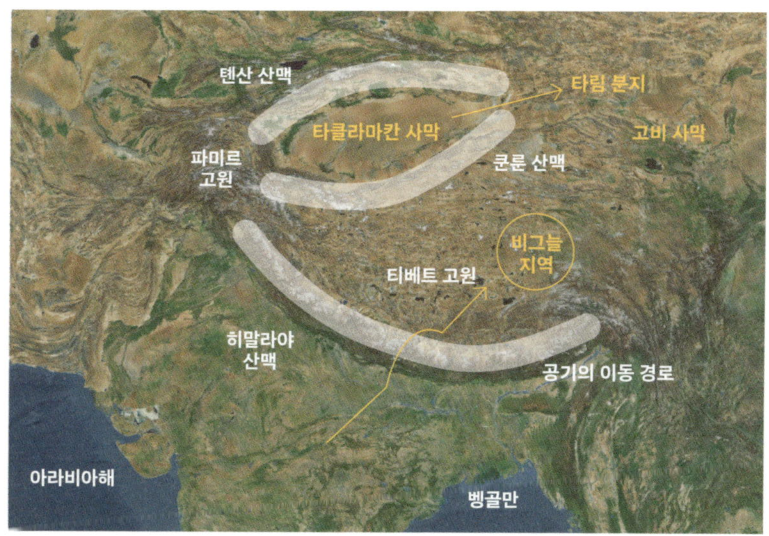

타클라마칸 사막 일대 지리적 요소 타클라마칸 사막은 주변이 높고 험준한 산으로 둘러싸인 타림 분지 내에 있어요. 벵골만과 아라비아해에서 유입되는 수증기는 히말라야 산맥에 가로막혀 티베트 고원 일대부터 비그늘 효과(산맥이 습한 바닷바람을 가로막고 있어 비가 내리지 않는 현상)의 영향을 받아 굉장히 건조합니다.

요소는 면면마다 남다릅니다. 파미르와 티베트 고원은 '세계의 지붕'이라 불릴 정도로 높고 험준하고, 톈산 산맥과 쿤룬 산맥 역시 평균 해발고도가 4,000m에 이를 정도로 높습니다. 그야말로 세계에서 둘째라면 서러울 정도로 험준한 지형에 둘러싸인 곳이 바로 타클라마칸 사막이지요.

어떤 사람을 제대로 알려면 그 사람과 친하게 어울리는 친구를 보라는 말이 있습니다. 타클라마칸 사막 역시 이웃한 지형을 살펴보면 근원을 알 수 있습니다. 타클라마칸 사막을 빙 둘러싼 험준한 지형을 보면 딱 하고 떠오르는 지형이 있을 거예요. 바로 사방이 산으로 둘러싸인 분지입니다. 우리나라 춘천이나 대구도 분지에 속하지요. 타클라마칸 사막에 커다란 밑그림을 제공하는 이 거대한 분지의 이름은 타림, 그래서 타림 분지라 부릅니다. 정리하자면 타림 분지에 만들어진 넓은 모래사막이 바로 타클라마칸 사막입니다.

그렇다면 타림 분지가 어떻게 만들어졌는지 살펴보아야겠지요? 크게 보았을 때 타림 분지는 해발고도 8,000m가 넘는 고봉이 즐비한 히말라야 산맥의 형성 과정과 맥이 닿습니다. 앞에서 이야기했듯이 성질이 비슷한 인도판과 유라시아판이 서로 양보 없이 힘을 겨루다가 자연스럽게 높은 산줄기가 만들어졌죠. 타림 분지는 그 힘겨루기의 장에서 한 걸음 물러난 지역이 푹 꺼지면서 만들어졌습니다. 간략히 비유하자면, 두 주먹을 맞대고 서로 밀었을 때 손목이 꺾이는 자리 정도로 생각하면 됩니다.

타림 분지라는 거대한 그릇이 생기니 그 안에는 자연스럽게 주변 산지의 바위가 잘게 쪼개져 쌓이기 시작했습니다. 그렇게 오랜 시간 차곡차곡 쌓인 물질이 모여 거대한 모래사막을 이룬 게 바로 타클라마칸 사막이죠. 만약 이곳이 비가 자주 내리는 환경이었다면 이런 많은 양의 다양한 물질 덕분에 이 지역은 농사에 유리한 땅이 될 수도 있었어요. 하지만 풀 한 포기 자라기 힘

타클라마칸 사막의 전경 높고 험준한 산맥을 경계로 비가 거의 오지 않는 곳이 타클라마칸 사막입니다. 산악 빙하가 녹은 물이 강을 만들기도 하지요.

들 정도로 비가 오지 않았기에 거대한 사막으로 남았죠. 타클라마칸 사막의 연 강수량은 50mm 정도라고 하니, 정말 놀라울 정도로 비가 내리지 않는 곳이죠. 왜 이곳은 이렇게 비가 내리지 않는 곳이 되었을까요?

타클라마칸 사막을 만든 지리 조건

세계지도에서 타림 분지, 다시 말해 타클라마칸 사막을 찾아보세요. 바다와 멀리 떨어져 있죠? 바다는 세계 기후를 좌지우지하는 거대한 물그릇인데, 그곳에서 멀리 떨어져 있다는 건 비가 내릴 확률이 낮다는 뜻입니다.

나아가 타클라마칸 사막은 거대한 타림 분지 안에 있습니다. 타림 분지는 주변이 험준한 산지로 둘러싸여 있어 수분 침투를 차단하는 효과를 내죠. 타림 분지는 마치 한 방울의 물도 허락하지 않겠다는 듯 철옹성처럼 버티고 있습니다. 정리하자면 타림 분지 안이 사막이 된 이유는 내륙 깊숙한 공간이라는 점과 험준한 산지로 둘러싸였다는 지리적 조건이 상호 작용했기 때문입니다. 이는 타림 분지 너머에 있는 카자흐스탄의 아스타나, 옴스크 같은 도시가 더 깊은 내륙에 있는데도 사막이 아닌 이유를 설명해 줍니다.

여기서 한 가지 더 생각해 볼까요? 높고 험준한 산지로 둘러싸

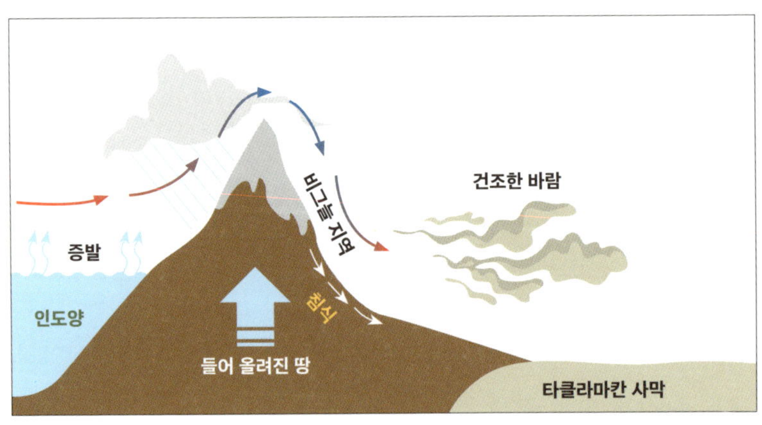

타클라마칸 사막의 비그늘 효과 타클라마칸 사막은 비그늘 지역에 있어서 비가 거의 오지 않아요. 사막을 이루는 모래 등은 대부분 인근 산맥의 바위가 침식되어 만들어진 것입니다.

인 곳은 어째서 비가 극도로 오지 않는 걸까요? 그건 바로 비그늘 효과 때문이에요. 수분을 잔뜩 머금은 비구름이 산지를 만나면 어쩔 수 없이 강제로 산을 타고 올라야 합니다. 이 과정에서 몸이 무거워진 비구름은 산을 타고 넘기 위해 비를 내리고 몸을 가볍게 만드는데요. 이처럼 비구름을 직접 맞닥뜨린 곳은 비가 잘 내리는 조건이 됩니다. 하지만 타림 분지에 갇힌 타클라마칸 사막은 산지 너머 반대편에 있어서 비구름이 접근할 수 없어요. 완전히 말이죠. 이런 현상을 비그늘 효과라고 해요.

지금까지 타클라마칸 사막을 통해 사막의 한 가지 유형을 살펴봤으니, 이제 세계의 주요 사막은 어떻게 만들어지는지 두루 살펴볼게요.

세계 주요 사막을 관통하는 하나의 키워드, 대기 대순환

사하라 사막은 세계 최대의 사막입니다. 위성사진을 보면 아프리카 대륙의 약 3분의 1 정도에 해당하는 면적이 온통 사막이라는 사실에 깜짝 놀랄 거예요. 사하라 사막의 면적은 미국과 중국 영토와 맞먹을 정도로 넓습니다. 사하라 사막은 어째서 이토록 넓은 걸까요?

사하라 사막이 어떻게 형성되었는지 이해하려면 지구 대기에서 만들어지는 대규모 순환에 관해 이해해야 합니다. 적도에서

사하라 사막의 위성 사진 사하라 사막은 북부 아프리카 거의 전역을 뒤덮을 정도로 넓은 면적을 자랑합니다.

부터 극지방까지 나타나는 지구적 차원의 바람, 그러니까 대기 대순환에 관해 알아야 한다는 뜻이죠.

대기 대순환은 동그란 구체에 가까운 지구의 위도에 따라 순환하는 거대한 바람 체계를 뜻해요. 지구는 자전축을 중심으로 약간 기울어진 채로 태양 주변을 돕니다. 지구의 이런 특징 때문에 대기 대순환이 일어나죠. 대기 대순환 중에서 사하라 사막의 탄생과 직접적인 관련이 있는 건 적도 저압대와 아열대 고압대입니다. 지금부터 차례차례 알아볼게요.

먼저 적도 저압대는 이름처럼 적도 주변에서 만들어지는 저압대예요. 저압대는 저기압이 띠처럼 수평으로 넓게 펼쳐져 나타

쓸모 있는 지리 수업

나는 지역을 뜻하고, 저기압은 공기의 밀도가 낮다는 뜻입니다. 공기 밀도가 낮은 건 작렬하는 태양에너지 때문이에요. 적도는 태양에서 수직으로 에너지를 받는 구조이기 때문에 단위 면적당 받는 에너지 양이 지구에서 가장 많습니다. 뜨거운 에너지를 받는 공간이다 보니 지표 수증기는 증발하기 바쁘죠. 적도 일대는 하늘로 증발한 수증기가 많아 지표 부근의 공기 밀도는 상대적으로 낮습니다. 그러니 어떻겠어요? 적도 저압대는 수증기가 하늘에 많아 비구름을 많이 만들 수 있고, 때에 따라서는 소나기를 내릴 수도 있답니다.

적도 주변의 높은 하늘에는 주체하기 힘들 정도로 공기 밀도가 높습니다. 공기의 흐름인 바람은 바로 이때 생겨요. 바람은 공기 밀도가 높은 곳에서 낮은 곳으로 자연스레 흘러가는데, 적도를 벗어난 바람이 고위도를 향해 이동할 때는 가지고 있던 수증기를 서서히 빼앗기면서 건조한 바람으로 지표면에 도달합니다. 그런데 이 과정에서 문제가 생겨요. 적도 저압대가 1년 내내 뜨겁고 증발이 많다는 것은 건조한 바람이 지표면에 닿는 지역 역시 1년 내내 비슷한 기후를 보인다는 뜻이거든요. 바로 이러한 공간을 아열대 고압대라 불러요. 그러니까 아열대 고압대는 열대 주변 지역인 아열대 지역에 1년 내내 건조한 공기가 밀려와 공기의 밀도가 높다는 뜻에서 붙여진 이름이랍니다.

1년 내내 건조한 바람이 닿은 아열대 고압대 지역은 수평적으로 넓고 규모가 큽니다. 1년 내내 건조한 바람이 땅으로 밀려드니 수증기가 하늘로 솟아올라 비구름을 만드는 건 구조적으로 불가능한 일이죠. 거대한 사하라 사막은 바로 이런 원리로 만들어졌어요.

아열대 고압대로 이해하는 또 다른 사막

사하라 사막을 따라 동쪽으로 이동하면 홍해 건너 아라비아 반도를 가득 메운 룹알할리 사막을 만날 수 있고, 조금 더 오른쪽으로 가면 건조한 이란과 파키스탄, 인도 북서부의 인더스강 유역

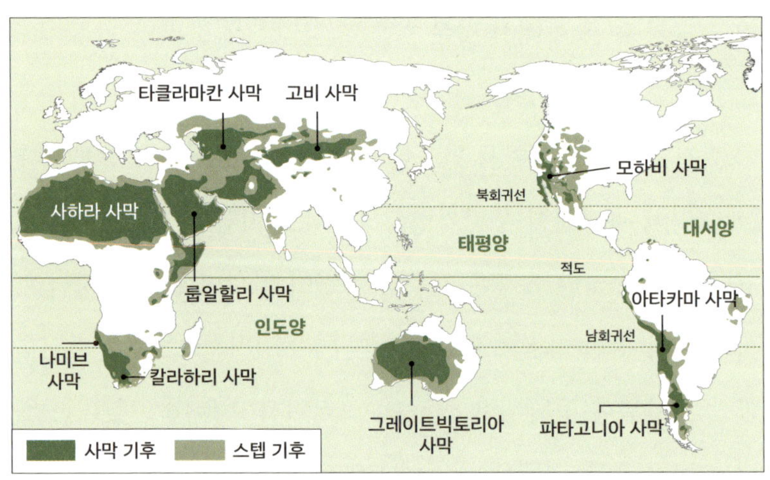

세계 주요 사막의 분포 세계 주요 사막은 대부분 남·북회귀선에 걸쳐 있는 아열대 고압대의 영향권에 발달합니다.

을 확인할 수 있어요. 이들 지역은 모두 비슷한 위도에 걸쳐 만들어진 사막과 건조 기후 지역이지요.

아열대 고압대의 위력은 대서양 건너 북아메리카 대륙에서도 찾아볼 수 있어요. 미국 본토를 반으로 나눴을 때 서부 건조 지역과 사막이 나타나는데요. 우리가 잘 알고 있는 모하비 사막이나 데스밸리, 사막의 도시라 불리는 라스베이거스도 실은 부분적으로 아열대 고압대의 영향을 받은 곳입니다. 뭔가 공통점이 있다는 걸 눈치 챘나요? 맞아요. 아열대 고압대를 따라 마치 약속이라도 한 것처럼 사막이 나타난다는 것이죠.

남반구의 상황은 어떨까요? 적도를 기준으로 사하라 사막을 정확히 반으로 접은 위도대로 가보세요. 그러면 아프리카 남반구의 나미브 사막과 칼라하리 사막이 가장 먼저 눈에 들어온답니다. 시야를 옮겨 인도양을 건너 오스트레일리아로 가면 그레이트빅토리아 사막과 그레이트샌디 사막도 확인할 수 있지요. 이를 통해 우리는 오스트레일리아의 넓은 국토 가운데 상당수가 왜 건조하거나 사막인지를 이해할 수 있게 되죠.

아열대 고압대의 영향을 받는 위도를 생각하면서 태평양을 건너 남아메리카 대륙으로 가면 아타카마 사막을 만납니다. 해안을 따라 좁게 발달한 아타카마 사막은 아열대 고압대라는 큰 질서를 거스르지 않고 형성된 사막입니다. 아타카마 사막이 해안을 따라 길게 발달한 건 몇 가지 지리적 조건을 추가로 설명해야 하지만, 큰 틀에서 아열대 고압대의 영향을 받았다는 건 분명한 사실이에요.

아열대 고압대에 속하는데도 사막이 아니라고?

많은 사막이 아열대 고압대에 분포하긴 하지만 예외도 있어요. 지도를 펴놓고 요리조리, 유심히 살펴보세요. 아열대 고압대와 무관해 보이는데 상당히 넓은 건조 지역과 사막이 만들어진 곳도 보일 거예요. 바로 남아메리카 대륙 동남부 지역의 파타고니아 사막 지대입니다.

남아메리카 대륙에는 남북으로 좁고 길고 높은 안데스 산맥이 발달해 있습니다. 안데스 산맥은 워낙 높고 험준해 태평양에서 들어오는 비구름을 완전히 차단하는 방어막이 됩니다. 태평양에서 진입한 비구름의 수증기는 산맥 왼편에 비를 남김없이 뿌린 후, 반대편 파타고니아 지역으로 넘어가요. 수증기를 잃은 바람은 건조하겠죠? 그 바람이 산맥을 따라 1년 내내 들어오기 때문에 사막이 발달하게 되었답니다. 잠깐! 이 원리라면 떠오르는 사막이 하나 있지 않나요? 맞아요, 타클라마칸 사막! 타클라마칸 사막이 형성된 원리가 이와 같았어요.

그렇다면 이런 질문이 떠오르는 친구들도 있을 거예요. "사하

아시아 몬순의 영향 위성사진 절반을 기준으로 인도와 인도차이나 반도 일대가 사막이 아닌 이유는 바다에서 불어오는 몬순의 영향을 받기 때문이에요.

라 사막과 비슷한 위도에 있어서 아열대 고압대의 영향을 받는 곳 중에 사막이 아닌 지역은 없나요?" 있습니다! 인도 반도와 인도차이나 반도 및 중국 남부 일대이죠. 이상하죠? 어째서 넓은 사막이 형성된 지역에서 왜 어떤 곳은 사막인데 어떤 곳은 사막이 아닐까요? 그 차이점을 만드는 건 '여름 몬순'입니다.

몬순은 계절풍이에요. 계절에 따라 바람이 부는 방향이 바뀌는 지역을 계절풍 지역이라고 하는데요. 이곳의 여름 계절풍은 덥고 습해요. 인도양의 벵골만, 태평양의 남중국해와 필리핀해의 덥고 습한 공기는 여름철 대륙을 향해 힘차게 불어옵니다. 적도 일대에서 만들어진 워낙에 덥고 습한 바람이라 이 바람은 낮은 산맥에 부딪혀도 어김없이 비를 내려주는 매우 고마운 존재예요. 그래서 극히 건조한 아열대 고압대에 해당하는 위도대에 있음에도 건조 기후나 사막이 만들어질 수 없답니다. 우리나라를 포함한 몬순 기후 지역에서 모두 벼농사를 짓는 것도 계절풍에 따른 공통된 생활양식이랍니다.

21세기 사막이 주는 특별한 선물, 태양에너지

'기후 위기'라는 말을 많이 들어봤지요? 오늘날 우리가 사는 세상은 기후변화를 넘어 기후 위기의 시대입니다. 기후 위기는 인간의 경제 활동을 뒷받침하는 화석 연료를 과도하게 사용해서 일어난 일이에요. 석유와 석탄, 천연가스 사용을 줄여야 지금의 기후 위기를 조금이나마 해결할 수 있습니다. 이러한 시대 변화 속에서 사막을 포함한 건조 기후 지역이 새롭게 주목받고 있습니다.

건조 기후 지역이 기후변화에 어떤 도움을 줄 수 있는지 궁금하죠? 건조 기후 지역은 비구름이 거의 만들어지지 않아요. 구름이 적으면 햇빛이 지표면에 도달하는 시간이 많아지지요. 빛이 내리쬐는 시간이 많다면 그 빛을 이용하는 태양광(열) 발전소가 떠오릅니다. 태양에너지를 모으는 집광판을 촘촘하게 엮어 만든 거대한 태양광(열) 발전소를 짓기 위해서는 무엇보다 하루 중 햇빛을 보는 시간이 많아야 하니까요.

세계 각국 도시의 햇빛 지속 시간을 집계한 통계 자료, 즉 1년에 몇 시간 동안 햇빛이 지속되는가에 관한 자료를 보면 상위권에 있는 나라는 십중팔구 사막과 같은 건조 기후 지역을 끼고 있

쓸모 있는 지리 수업

아랍에미리트 두바이 태양광 발전소 아랍에미리트는 아열대 고압대의 영향을 받는 아라비아 반도 사막 지대에 있습니다. 예전에는 사막을 비생산적인 땅이라고 여겼지만, 태양광 발전소가 건설되면서 사막도 유용한 땅이 되어가고 있어요.

습니다. 그러다 보니 세계적인 태양광(열) 발전소는 거의 건조 기후 지역에 위치합니다. 아프리카의 이집트와 모로코, 아시아의 아랍에미리트와 인도 및 중국, 아메리카의 미국과 멕시코 등은 모두 건조 기후 지역을 보유한 나라예요.

캘리포니아주 남부도 건조 지역인데요. 2024년에는 이곳에 에드워즈 & 샌본 태양광(열) 발전 및 저장소가 건설되었습니다. 이 외에도 이 지역에는 여러 개의 태양광 발전소가 건설되었지요. 이 시설은 태양에너지로 완전히 충전되면 약 10만 가구에 4시간 동안 전력을 공급할 수 있는 규모입니다. 앞으로는 태양광

(열)과 같은 신·재생에너지를 만드는 것만큼 그것을 보존하는 기술도 매우 중요해질 거예요.

에드워즈 & 샌본 스토리지에서 멀지 않은 곳에는 미국 에드워즈 공군기지가 있는데요. 군사 시설은 전쟁이 일어났을 때 전력을 꾸준히 공급받아야 하는 핵심 시설이니, 군사 시설과 정부 노력으로 만든 대규모 에너지 시스템이 필수적인 곳이죠. 게다가 이 일대 기후가 건조해서 비상시 전투기가 언제든지 이륙할 수 있는 이점도 있답니다.

첨단 기술의 시대, 에너지가 중요한 가치를 갖는 시대가 오니 불모의 사막도 쓰임 있는 공간으로 탈바꿈하고 있습니다.

이야기 두 줄 요약

타클라마칸 사막은 내륙 깊숙한 곳에 있는 거대한 타림 분지가 험준한 산지로 둘러싸이면서 만들어졌습니다. 나아가 사하라 사막과 같은 거대한 사막은 아열대 고압대의 영향을 받아 만들어진 경우가 많습니다.

교과서 속 용어 정리

- 건조 기후: 연 강수량이 500mm 미만으로 남·북위 23.5° 일대와 중위도 대륙 내부 지역에 나타남.

쓸모 있는 지리 수업

당연한 말이지만 사막에서는 농사를 지을 수 없어요. 물이 없으니까요. 하지만 사막에도 농경지가 꽤 있습니다. 사막에 물이 없다는 말은 반은 맞고 반은 틀리거든요. 일반적으로 물이 없다는 말은 눈에 보이는 물이 없다는 뜻입니다. 하지만 유유히 흐르는 강물, 푸른 바닷물, 거대한 호수의 물이 전부는 아니에요. 하늘에 구멍이 난 듯 쏟아지는 빗물은 모두 강물이 되어 바다로 가는 게 아닙니다. 일정량은 바로 강물이 되어 흐르지만, 눈에 보이지 않는 상당한 양의 물은 땅을 파고들어 지하수 형태로 보존되지요. 또 어떤 물은 때마침 지독한 갈증을 느

사막의 원형 농경지 사막의 지하수를 이용하여 농사를 짓는 원형 경작지가 늘고 있어요. 물을 뽑아 올리는 스프링클러를 중심으로 농경지가 만들어지기 때문에 원형을 띠고 있지요.

낀 나무 뿌리에 흡수되어 줄기에 저장되기도 해요. 어린왕자의 말처럼 자연에서 눈에 보이는 건 껍데기에 불과할 정도로 작은 부분에 지나지 않을 때가 많답니다.

이런 지하수 덕분에 사막에서도 농사를 지을 수 있어요. 그런데 여기서 의문이 하나 생깁니다. 건조 지역에서는 비가 오지 않는데 어떻게 지하수가 만들어질까요? 사막의 땅속에 숨어 흐르는 지하수는 언제 만들어진 걸까요? 그건 대부분 과거 비가 오던 시절에 지하에 갇힌 물이거나 비가 오는 지역에서 지하를 따라 흘러든 물이랍니다.

사막의 지하수를 '화석수'라고도 하는데요. 중생대에 번성했던 거대한 공룡의 뼈를 화석이라고 하잖아요? 마찬가지로 아주 오래전 지하에서 오갈 데 없이 갇힌 물을 화석수라고 부르는 것입니다. 놀랍게도 사하라 사막 일대는 과거에 기린과 얼룩말이 살던 거대한 초원 지역이었어요. 그 시절에 내린 빗물이 차곡차곡 쌓여 일정한 공간에 갇혀 화석수를 이룬 것이지요.

지하수를 찾은 사막에서는 당연히 농사를 지을 수 있어요. 사막은 햇빛이 늘 잘 드는 곳이니 물만 제때 주면 농작물이 자라는 데 큰 어려움이 없지요. 기후 조건에 민감한 작물이 아니라면 말이에요. 따라서 사막 지역에서는 적은 물로도 잘 자라는 견과류나 밀, 대추야자 같은 식량 작물을 생산한답니다.

스마트 지도를 꺼내 사막 지역의 위성사진을 찬찬히 살펴보면 태양광(열) 발전소와 원형 농사 지대를 만날 수 있어요. 원형 농경지가 수십에서 수백 개에 이르는 곳은 십중팔구 지하수를 뽑아 올려 주기적으로 물을 주는 시설이지요.

원형 농경지를 자세히 살펴보면 가운데 구멍이 뚫려 있는 걸 볼 수 있어요. 그곳으로 물을 뽑아 올리고, 긴 막대기를 꽂아 물을 주는 것이죠. 건조한 공간에 물을 주려면 아무래도 한 줄로 길게 늘여 가운데를 중심으로 한 바퀴 원을 돌리는 게 가장 효율적일 테니까요. 마치 컴퍼스로 원을 그리듯 말이에요. 지도에서 보는 독특한 모양의 농경지는 바로 이런 원리를 통해 만들어졌습니다. 하지만 안타깝게도 화석수는 지속 가능하지 않아요. 오래전 갇힌 한정된 물을 이용하다 보니, 사막의 화석수는 언제든지 고갈될 위험이 있다는 걸 기억해야 합니다.

더 생각해 보기 풍요로운 지구를 만드는 사막

사막은 생명이 살 수 없는 불필요한 땅이라 여길 수 있지만, 지구 생태계에서 매우 중요한 일을 담당합니다. 바로 지구 곳곳에 자연 비료를 뿌려주는 일이죠. 오랜 시간 사막에 쌓인 먼지는 바람을 타고 대기에 오르면 국경을 넘어 멀리멀리 날아

갑니다. 사막에서 온 먼지는 일차적으로 태양에너지를 반사해 지구온난화를 완화하는 효과를 내지요. 나아가 먼지에 담긴 인, 철, 실리카 등의 다양한 미네랄은 해양 식물인 플랑크톤의 성장을 돕습니다. 플랑크톤은 대기의 이산화탄소를 흡수하여 온실가스를 줄이는 역할을 하죠. 어떤가요? 사막의 나비효과라고 할 만큼 사막도 존재감이 꽤 크죠?

어디로 떠나볼까요?

태평양
대서양
인도양

- 2부 -

유럽과 아프리카:

바다와 해안선이 만든 인류의 역사

5장

해안(펄스만)

곶과 만, 해안의 모양이 역사를 바꿀 수 있다고?

바다 하면 어떤 장면이 떠오르나요? 바다는 계절과 상관없이 우리에게 멋진 풍경을 선물하지요. 끝을 알 수 없는 수평선 너머를 오가는 태양이 선물하는 일출과 일몰, 아름다운 해변에 쉴 새 없이 밀려드는 파도, 시원하게 불어오는 바람과 파도 소리는 생각만 해도 신이 나고 기분까지 시원해집니다. 바닷가의 밤도 참 멋진 풍경을 선사합니다. 어두운 밤바다를 밝히는 등대, 등대 빛에 반사된 반짝이는 파도, 수평선 언저리에 열 지어 선 수많은 고기잡이배는 마치 빈센트 반 고흐의 작품 〈아를의 별이 빛나는 밤〉처럼 고요하면서도 순수한 아름다움을 마음껏 발산합니다.

이렇듯 바다, 정확히 말하면 해안은 우리의 마음에 많은 감정과

곶과 만의 모식도 해안은 바다를 향해 돌출한 곶과 상대적으로 안으로 들어간 만이 교대하여 나타납니다.

이야기를 만드는 힘을 가지고 있습니다. 많은 이야기를 품은 이 해안을 지리적 시선으로 살펴보는 것도 재미있는 일이겠죠?

지구 표면은 크게 바다와 육지로 나눌 수 있는데요. 해안은 바다와 육지가 만나는 공간이에요. 바다와 육지가 만나는 그 엄청난 길이의 해안을 이은 선을 해안선이라 부릅니다. 해안선은 언뜻 직선이나 곡선처럼 연필로 그린 선 같지만, 일정한 공간감이 있는 면으로 이해해야 합니다. 바다와 육지가 만나는 곳은 고정돼 있지 않고 시시각각 움직이고 있으니까요. 성격이 제각각인 바다와 육지가 서로 뒤엉켜 다양한 이야기를 만든다고 생각하면 되겠네요.

해안은 육지가 바다를 향해 한 발 내민 느낌을 주는 곳이 있는가 하면, 또 어떤 곳은 육지가 바다에서 한 발 들인 것 같은 느낌을 주는 곳도 있습니다. 지리학에서는 이 두 공간에 각각 이름을 붙였는데요. 전자를 곶, 후자를 만이라고 하지요. 다시 말해 곶은 바다를 향해 돌출한 육지, 만은 바다에서 육지로 움푹 들어온 곳입니다. 형태가 다르니 성격이 다른 것도 당연한 이치입니다.

해안은 바다에서 항상 파도가 밀려듭니다. 고요한 해수면을 바람이 유유히 타고 흐르며 만들어진 것이 파도인데요. 파도의 힘이 가장 강해지는 건 해안에 다다르면서부터입니다. 해안에 다다른 파도의 에너지 대부분은 바다를 향해 돌출한 곶에 집중되고, 남은 에너지는 천천히 만으로 꺾여 들어갑니다. 해안이 들고 나는 형태다 보니 파도 에너지 또한 집중되기도 하고 분산되기도 하는 것이죠. 이를 지리학 용어로 바꾸면 곶은 침식이 우세, 만은 퇴적이 우세한 공간이라고 말할 수 있어요.

곶에서 침식되어 떨어져 나간 물질이 만에서 퇴적되어 아름다운 해변을 만드는 마술이 펼쳐지는 공간이 바로 해안입니다. 그럼 이제 해안의 마법으로 무수히 많은 이야기를 담은 남아프리카공화국의 펄스만으로 떠나볼까요? 펄스만에는 그 유명한 희망봉의 이야기도 담겨 있답니다.

경관이 아름다운 케이프타운의 해안

아프리카 대륙 최남단에는 남아프리카공화국이 있습니다. 거대한 대륙의 끝자락에 있는 남아프리카공화국은 아프리카에서 최초로 월드컵을 개최한 덕분에 세계인의 주목을 한껏 받은 적도 있지요. 남아프리카공화국에서 가장 큰 도시는 내륙의 요하네스버그이고, 행정 수도 프리토리아는 요하네스버그와 하나의 대도시권을 이룹니다. 행정수도와 거대 도시권 못지않게 널리 알려진 남아프리카공화국의 또 다른 도시는 바로 입법 수도 케이프타운입니다.

케이프타운은 남아프리카공화국의 국회가 있는 입법 수도이

남아프리카공화국 케이프타운 위치 남아프리카공화국은 아프리카 최남단에 있고, 그 남서쪽 끄트머리에 희망봉으로 널리 알려진 케이프타운이 있어요. 테이블마운틴은 케이프타운을 대표하는 산이에요.

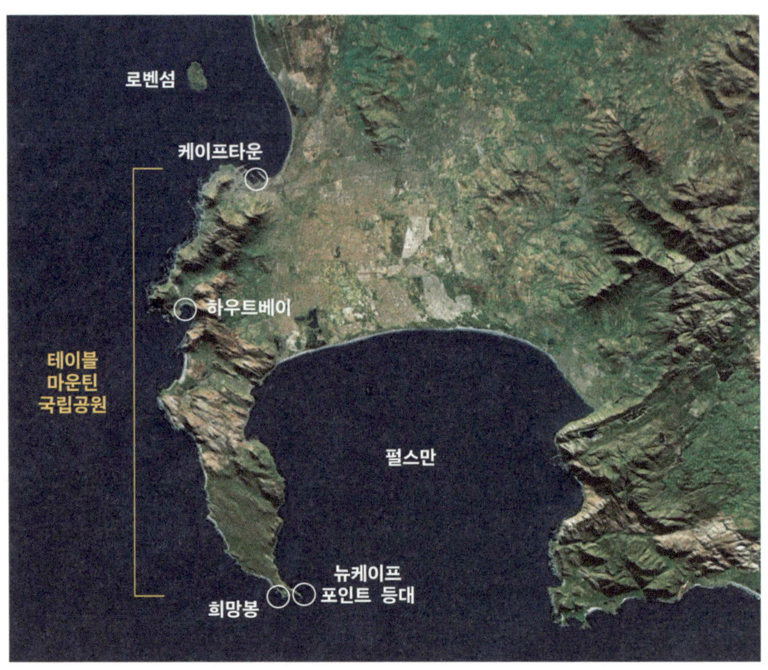

펄스만 일대의 지리 요소 남북으로 좁고 길게 발달한 테이블마운틴 국립공원을 중심으로 케이프타운과 희망봉이 마주보며 짝을 이루고 있어요.

자 여행 일번지로 통합니다. 푸른 바다와 반듯한 탁자 모양으로 생긴 산이 어우러져 그림처럼 아름다운 곳이죠. 인터넷 검색창을 열어 케이프타운을 검색해 보세요. 케이프타운의 전경 사진을 보면 한 번은 가보고 싶다는 생각이 들 거예요. 이렇게 아름다운 케이프타운의 경관은 사실 몇 가지 지리 요소가 결합되면서 만들어졌습니다. 바다와 육지의 조합이 남다른 케이프타운은 어떤 지리적 특이점이 있을까요?

먼저 케이프타운의 해안이 아름다운 까닭을 살펴볼게요. 케이프타운을 위성사진으로 보면 집게처럼 생긴 펄스만이 가장 먼저 시야에 들어옵니다. 펄스만은 바다를 향해 돌출한 곳과 만의 형태가 마치 주머니 같은 모습을 띱니다. 침식이 강한 돌출부는 단단한 암반으로 구성된 산으로 둘러싸여 있고, 그 안쪽으로는 남쪽을 향해 입을 벌린 아름다운 만과 해변이 발달했죠. 펄스만 안쪽으로 해변을 이루는 구성 물질은 대부분 곳이 침식되면서 떨어져 나온 물질입니다.

펄스만 다음으로 눈길을 끄는 해안은 하우트 베이^{Hout Bay} 입니다. 하우트 베이는 펄스만에서 서쪽으로 가면 만나는 교외 지역인데요. 서핑 마니아라면 한번쯤 들어봤을 위험하고도 강력한 파도가 이는 곳으로 유명하죠. 최고 15m에 이르는 파도가 밀려드는 던전스 스폿은 서핑 경연을 펼치던 많은 서퍼가 목숨을 잃을 정도로 악명이 높습니다.

하우트 베이 일대에 높고 위험한 파도가 이는 까닭 역시 지리적 조건 탓입니다. 해변에 밀려드는 파도를 높이는 건 해저 바닥의 상태입니다. 단단한 암반이나 산호초가 밀려드는 파도를 막아서면 물의 운동에너지는 위치에너지로 바뀌어 더 높은 파도가 일어납니다. 하우트 베이의 곳은 좁고 깊게 이어진 돌출부와 대서양에서 꾸준히 밀려드는 강한 바람이 조합된 공간이기 때문에

하우트 베이의 파도 남아프리카공화국 펄스만 일대의 하우트 베이는 높고 험준한 파도를 만들어내는 것으로 유명합니다.

넓게 활짝 열린 펄스만과는 성격이 다른 해안이 되는 것이지요. 이처럼 곶과 만의 지리적 조건에 따라 해안은 상반된 공간을 연출합니다.

경관이 아름다운 케이프타운의 산지

케이프타운의 해안을 둘러봤으니 이제 케이프타운의 아름다운 주변 산지도 둘러볼까요? 케이프타운을 병풍처럼 감싸는 산지는 테이블마운틴이에요. 테이블마운틴은 이름대로 정말 탁자처럼 생겼어요. 산 정상부가 반듯한 테이블마운틴은 양 끝으로 약 1,000m에 이르는 수직 절벽이 발달해 있죠. 이러한 형태의 산은

남아프리카공화국 테이블마운틴의 전경 테이블마운틴은 탁자 모양으로 생긴 산이에요. 독특한 모습 덕에 여행자가 끊이지 않지요.

우리나라에서는 물론 세계에서도 찾아보기 힘들어요. 쉽게 구할 수 없는 물건이 비싸듯, 테이블마운틴은 여행자에게 감상하는 맛을 선사하는 곳입니다.

테이블마운틴은 복잡하면서도 간결한 과정을 거쳐 형성되었어요. 수억 년 전 바다에서 차곡차곡 쌓인 퇴적층이 굳어 만들어졌지요. 수억 년 전 바다에 있던 퇴적 암석이 육지로 드러나 쌓인 모습 그대로 테이블 모양을 유지하고 있는 것은, 이곳이 땅이 들어 올려지는 작용은 있었지만 뒤틀리지는 않았음을 뜻해요. 만약 땅이 뒤틀렸다면 지금의 탁자 모양처럼 반듯한 산 정상부 모습을 유지하기는 어려웠을 테니까요.

나아가 퇴적으로 만들어진 암석은 진흙이 굳어 만들어진 것과 모래가 굳어 만들어진 게 섞여 있는데요. 이중 일반적으로 모래가 굳어 형성된 암석이 더 단단해요. 그러다보니 진흙이 굳어 만들어진 퇴적암이 더 빨리 침식되면서 모래가 굳어 만들어진 암석이 독립적으로 남게 되었고, 그것이 바로 테이블마운틴이지요.

테이블마운틴은 테이블마운틴 국립공원에 속합니다. 테이블마운틴의 남다른 경관과 희소성으로 보존위원회가 탄생했고, 테이블마운틴은 남아프리카공화국의 국가 기념물로 선정되었어요. 이와 같은 국가 차원의 노력을 거쳐 1998년 넬슨 만델라^{Nelson Mandela} 대통령은 테이블마운틴을 국립공원으로 선포했습니다. 하지만 테이블마운틴을 보존하기 위한 노력은 단순히 특이한 경관을 지키기 위한 조치만은 아니에요.

테이블마운틴 정상부의 평평하고 수직 절벽 형태는 주변과 접근성이 떨어져 독자적인 생태 문화를 만들 수 있었습니다. 테이블마운틴은 넓게 보아 케이프타운에서부터 포트 빅토리아까지 이어지는 케이프 식물구계에 속하는데요. 케이프 식물구계는 종의 다양성, 밀도, 고유종 비중 등의 측면에서 세계적으로 특별한 식물 서식지로 평가받습니다. 케이프 식물구계 보호구역은 유네스코 세계유산으로 등재되면서 인류 보편적 유산으로 평가받았고, 이러한 과정을 거쳐 테이블마운틴은 국립공원으로 발돋움할

쓸모 있는 지리 수업

실버트리와 남아프리카공화국의 펭귄 실버트리와 펭귄은 케이프타운의 지리적 환경 특징을 알려 주는 독특한 생물 종이에요.

수 있었지요.

테이블마운틴 국립공원에서 가장 널리 알려진 고유 식물 종은 실버트리입니다. 이름처럼 반짝이는 잎을 가진 실버트리는 세계에서 오직 케이프타운 국립공원 일대에서만 자랍니다. 테이블마운틴의 가파른 경사면을 따라 자생하는 실버트리는 목재 수요가 많던 시기에 무분별하게 베어져서 멸종 위기종이 되고 말았어요. 균형을 이루고 있는 자연 생태에 인간이 적극 개입하여 자연을 개발하고 활용하면 그 균형은 깨지게 마련이지요.

케이프타운 국립공원에는 실버트리 같은 독특한 식물 종 말고도 비비원숭이, 케이프회색몽구스 등 여러 야생동물도 살고 있어요. 하지만 이중 가장 흥미로운 동물은 아프리카펭귄이죠. "뭐라고? 펭귄이 아프리카 대륙에 산다고?" 하면서 놀라는 친구들도 많을 거예요. 펭귄은 대부분 남극 대륙에 살 것이라고 생각하니까요. 하지만 아프리카 펭귄은 케이프타운 근처 해안에 산답니다. 남극 펭귄과는 달리 수온이 따뜻한 아프리카 해안에 모여 살지요. 남아메리카 대륙 끝자락에 훔볼트펭귄이 산다면, 아프리카 대륙 끝자락에는 아프리카펭귄이 사는 격입니다. 아프리카든 남아메리카든 펭귄이 사는 곳은 남극 대륙에서 가장 가까운 해안이라는 공통점이 있네요.

이처럼 케이프타운 일대는 곶과 만의 이상적인 교차와 좁고 날카로운 교차를 통해 다양한 성격을 갖는 해안이 만들어졌고, 안정된 땅의 성격 덕에 병풍처럼 멋들어진 산지가 어우러진 곳이 되었습니다. 케이프타운이 어째서 남아프리카공화국 여행 일번지가 됐는지 이젠 이해하겠지요?

케이프 반도에 얽힌 몇 가지 이야기

케이프타운에서 바다를 향해 갈고리처럼 튀어나온 곳은 케이프

반도입니다. 케이프 반도의 대부분은 테이블마운틴 국립공원인 곳이기도 합니다. 테이블베이에서 시작해 테이블마운틴을 지나 케이프 포인트까지 이어지죠. 좁고 긴 케이프 반도 끝자락은 케이프 포인트 자연보호 지역입니다. 이 케이프 포인트에는 두 개의 흥미로운 장소가 있는데요. 하나는 케이프 포인트 등대, 다른 하나는 그 유명한 희망봉입니다.

케이프 포인트 등대는 실은 두 개입니다. 높은 곳과 낮은 곳에 각각 하나씩 등대가 들어선 까닭은 높게 형성되는 안개를 피하고, 뱃사람이 등대를 조금 더 오래 볼 수 있도록 하기 위해서예

희망봉 전경 희망봉은 비바람이 강하여 한때 '폭풍의 곶'으로 불렸어요. 일반적으로 아프리카 대륙의 최남단으로 알려졌지만, 실질적인 최남단은 아굴라스곶입니다.

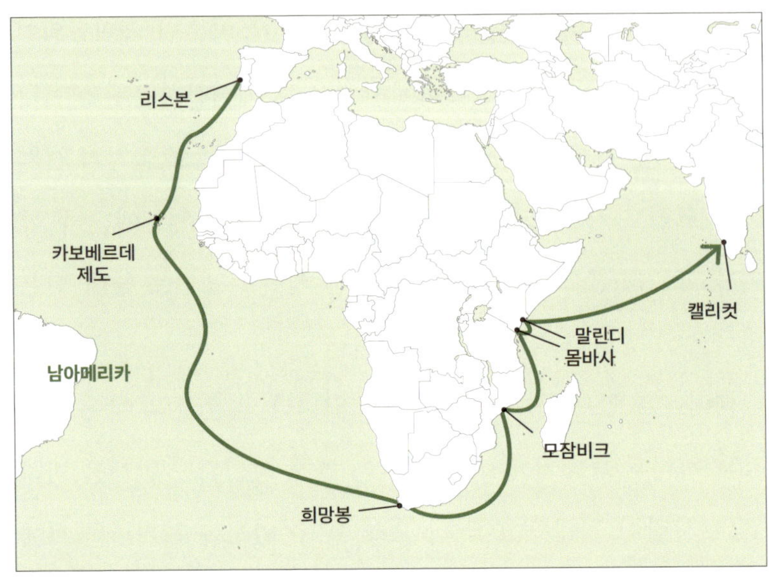

바스쿠 다가마의 항해 경로 바스쿠 다가마(Vasco da Gama)는 유럽의 대항해 시대에 최초로 희망봉을 돌아 인도 항로를 개척했어요. 그는 희망봉을 돌아 인도양으로 나아갈 수 있었고, 현지 항해사의 도움을 받아 인도양을 건널 수 있었습니다.

요. 그래서 해발고도가 더 낮은 곳에 새롭게 지은 등대를 뉴케이프 포인트 등대라고 부르죠.

대부분의 등대는 만이 아닌 곳에 설치해요. 바다를 향해 돌출된 곳 일대는 얕은 해수면 아래 숨은 암반이 많아 배를 좌초시킬 수 있어요. 따라서 곶은 뱃사람에게 위험을 알리고 든든한 길잡이를 하는 등대 자리로 안성맞춤이지요.

케이프 포인트 등대에서 저 멀리 반대편 바다를 바라보면 마찬가지로 바다를 향해 돌출한 희망봉이 보입니다. 희망봉은 엄밀히 말해 바다를 향해 돌출한 곳의 이름이에요. 희망봉은 대서양과 인도양이 나뉘는 기점으로도 유명하지만, 1488년 포르투갈의 탐험가 바르톨로메우 디아스^{Bartolomeu Dias}가 이곳을 통과하면서 이런 이름이 붙었답니다. 바르톨로메우 디아스는 풍랑이 거센 이곳을 '폭풍의 곳'이라 이름 붙였는데, 당시 포르투갈 왕실에서 뱃사람에게 인도로 가는 희망을 주는 곳임을 강조하자는 뜻에서 '희망봉'이라고 이름을 바꿨다고 해요. 이처럼 희망봉을 핵심적인 장소로 여길 수밖에 없는 건 지도를 보면 쉽게 이해할 수 있습니다.

유럽의 대항해 시대에만 하더라도 항해술은 여러모로 미비했어요. 뱃사람의 안전을 위해서는 최대한 육지 곁을 따라 이동하는 방법밖에 없었지요. 바르톨로메우 디아스도 그랬을 거예요. 때때로 계절풍을 만나 먼 바다로 나가는 일도 있었겠지만, 최대한 육지와 가까이 붙어 항해하려 했을 테죠. 거대한 아프리카 대륙을 따라 남쪽을 향해서만 움직이다가 서쪽으로 뱃머리를 돌릴 수 있는 첫 번째 장소가 바로 희망봉이었으니까요. 희망봉을 지나쳐 조금 더 가면 케이프 포인트 등대이고 등대의 안내를 받으며 바다로 나아가면 이내 넓은 펄스만을 만날 수 있죠. 이렇듯 곳에서 만으로, 다시 만에서 곳으로 이어지는 공간의 흐름은 뱃사람에게 너무나도 중요한 지리적 조건입니다.

테이블베이에 얽힌 몇 가지 이야기

케이프타운의 시가지는 크게 두 개의 해안을 끼고 발달했습니다. 하나는 앞서 언급한 펄스만, 다른 하나는 테이블마운틴 앞의 테이블베이예요. 규모와 넓이가 큰 건 펄스만이지만, 시청이나 의회 등 도시 중심가와 주요 기관은 테이블베이와 가깝습니다. 테이블베이가 펄스만보다 중요한 공간이 된 건 케이프타운 항구가 있기 때문이죠.

케이프타운 항구는 네덜란드가 낙점해 조성한 공간입니다. 17세기 해상 무역을 장악했던 네덜란드는 테이블베이에 항구를 만들어 유럽에서 아시아로 가는 중에 쉬는 거점으로 활용했어요. 이후 네덜란드 다음으로 케이프타운을 지배한 영국 역시 이곳을 인도양으로 나아가는 거점 항구로 활용했지요. 케이프타운 항구는 1869년 수에즈 운하가 개통되기 전까지 많은 배가 오가는 항구였답니다.

수에즈 운하 개통은 남아프리카공화국의 도시 발달에 큰 영향을 미쳤습니다. 이후 유럽에서 인도양으로 가는 빠른 길이 열리면서 남아프리카공화국은 더반 항구를 새롭게 개발했죠. 더반 항은 내륙의 골드러시로 급성장한 남아프리카공화국 최대 도시인 요하네스버그와 연결되는 무역항입니다. 시간이 흐르면서 케이프타운이 부분적으로 쇠락한 이유는 공간의 쓰임과 연결성 측

케이프타운 항구 전경 케이프타운 항구는 인도양으로 나아가는 거점 항구였어요.

면에서 보면 지극히 자연스러운 과정이지요.

하지만 케이프타운은 수에즈 운하가 개통된 이후에도 여전히 주목받는 항구입니다. 남아프리카공화국은 물론 남아프리카 일대까지 진입할 수 있는 철도 및 도로 시설이 촘촘히 연결돼 있거든요. 특히 아메리카 대륙에서 출발한 배가 세계 각지에서 들어온 물자를 내륙으로 가져갈 수 있는 관문 역할을 하는 게 바로 케이프타운 항구입니다. 케이프타운 항구는 우리나라로 치자면 부산과 여러모로 비슷한 역사와 공간성을 갖는 곳입니다.

로벤섬 전경 남아프리카공화국의 넬슨 만델라 대통령이 유배 생활을 했던 곳으로 유명합니다.

테이블베이에는 육지에서 약 12km 떨어진 곳에 로벤섬이 있습니다. 로벤섬은 1999년 유네스코 세계문화유산에 등재될 정도로 독특한 이야기를 가진 섬이에요. 남아프리카공화국의 감옥 섬으로 악명을 떨친 공간이죠. 로벤섬이 본격적으로 세계의 이목을 집중시킨 건 남아프리카공화국의 인권운동가이자 대통령 넬슨 만델라가 18년 동안 유배 생활을 한 곳이기 때문입니다. 오늘날 로벤섬은 여행지로 새롭게 단장해 과거의 아픈 역사를 새롭게 바라보는 다크투어리즘Dark tourism의 장소로 활용 중입니다.

로벤섬이 천연 감옥으로 활용된 이유는 주변 해류가 강해 헤

엄쳐서 탈출하기 어려웠기 때문입니다. 17세기부터 정치범 수용소로 활용됐으니, 이미 네덜란드 식민지 시절부터 쓰임이 뚜렷했던 셈이죠. 미국 샌프란시스코에 가면 금문교를 지나 앨커트래즈섬을 볼 수 있는데요. 앨커트래즈섬 역시 미 연방정부의 감옥으로 활용되었답니다. 로벤섬과 비슷한 지리적 조건을 갖추고 있어서 탈출이 어려운 것으로도 유명하죠. 두 섬은 해류가 빠르고 상어가 자주 출몰한다는 이색적인 공통점도 가지고 있어요. 한번 갇히면 제아무리 운동신경이 좋은 사람이라도 탈출은 불가능했을 것 같네요.

이야기 두 줄 요약

바다와 육지가 만나는 해안은 바다를 향해 돌출된 곶과 육지를 향해 들어간 만으로 나뉩니다. 곶은 파도의 힘이 세고 바다 밑으로 암반이 많지만, 만은 파도의 힘이 상대적으로 약하고 해안으로 모래나 점토가 쌓이는 곳이 많습니다.

교과서 속 용어 정리

- 곶: 바다를 향해 돌출한 지역으로 주로 침식이 활발함.
- 만: 육지를 향해 들어온 지역으로 주로 퇴적이 활발함.

테이블마운틴은 오직 독특한 생김새만으로 남아프리카공화국의 랜드마크가 됐다고 해도 틀린 말이 아니에요. 해발 1,087m나 되는 거대한 수직 절벽 산이 해안에 가까이 붙어 있는 모습은 보는 사람에게 시각적인 충격을 안길만 하죠. 제주도 해안에 우뚝 솟은 산방산이 시각적 신선함을 주는 것과 비슷하다고 할까요? 남아프리카공화국 말고도 테이블마운틴처럼 생긴 산이 또 있는데요. 남아메리카 대륙의 베네수엘라에 있는 로라이마산이 바로 그 주인공입니다.

로라이마산은 베네수엘라 국경 안에 속하지만, 비슷한 형태

베네수엘라 로라이마산 전경 생김새가 남아프리카공화국의 테이블마운틴과 유사한 산이에요. 두 산은 탄생 과정이 같아서 비슷한 형태로 남았습니다.

의 산지는 브라질, 가이아나 세 나라에 걸쳐 있어요. 로라이마 산의 높이는 2,810m로 테이블마운틴보다 세배 정도 높습니다. 로라이마산에 오르려면 베네수엘라를 통해서 갈 수밖에 없어 요. 정상까지 이어지는 완만한 능선이 베네수엘라에서만 연 결되거든요. 로라이마산은 보자마자 테이블마운틴을 떠오르 게 할 정도로 두 산은 매우 비슷하게 생겼습니다.

로라이마산과 테이블마운틴이 쌍둥이처럼 닮은 까닭은 아주 오래전 두 공간이 한데 모여 있었기 때문이에요. 아주 먼 옛 날 모든 대륙이 판게아(약 3억 년 전 고생대 후기부터 중생대 초기에 걸쳐 지구 상에 존재했던 거대한 하나의 초대륙)이던 시절, 남아메리카 대륙의 오른 쪽과 아프리카 대륙의 왼쪽은 서로 붙어 있었거든요. 이후 판 이 각자의 길을 택해 이동하면서 분리되었지만, 그때 만들어 진 지형 조건은 그대로 유지되어 오늘에 이른 것이죠. 처음으 로 대륙 이동설을 주창한 독일의 지구물리학자 알프레드 베 게너Alfred Wegener 역시 남아메리카와 아프리카 대륙의 해안선 이 절묘하게 들어맞는 것을 보고 유레카를 외쳤죠. 오늘날 수 천 킬로미터 떨어진 공간에서 땅의 옛 기억을 더듬어 찾는 일 은 이처럼 매우 흥미롭습니다.

북아메리카 대륙 미국의 애리조나주에 가면 서부의 랜드마크 중 하나인 모뉴먼트 밸리를 볼 수 있습니다. 모뉴먼트 밸리는 테이블마운틴에 비하면 훨씬 작은 크기지만, 형태와 모습은 테이블마운틴과 거의 비슷해요. 모뉴먼트 밸리는 과거 바다였던 시절, 켜켜이 쌓인 퇴적 지층이 암석이 되어 땅 위로 솟았고, 이후 서로 다른 속도로 깎여나가면서 지금과 같은 테이블 모양으로 남았습니다.

이처럼 하나의 공간을 제대로 이해하는 것은 그 밖의 다른 공간에 대해서도 폭넓게 이해하는 첫걸음이랍니다.

더 생각해 보기 · 등대와 곶은 떨어질 수 없는 사이

우리나라의 곶에도 곳곳에 등대가 설치되어 있습니다. 새해 일출을 보기 위해 많은 사람이 모이는 경상북도 포항시에 있는 호미곶 등대부터 국토 최남단 마라도에 있는 등대까지 모든 등대는 곶이나 섬에 세워지지요. 등대가 세워지는 자리는 군사 방어를 위한 요충지로 쓰일 때도 많습니다. 이순신 장군이 전략 거점으로 택했던 경상남도 통영시 한산도의 제승당이 곶에 있다는 것도 등대가 세워지는 이유와 맥락을 같이합니다.

쓸모 있는 지리 수업

6장

갯벌(바덴해)

물이 빠진 바다에서
보물이 나온다고?

가족과 갯벌 체험을 해본 적이 있나요? 얼핏 보면 갯벌은 온통 진흙뿐인 땅 같지만 자세히 들여다보면 수많은 생명체들이 살아 숨쉬고 있어요. 진흙 안에 몸을 숨기고 있는 조개와 새우, 바위틈에 숨은 작은 돌게 등 갯벌에는 수십 종의 바다생물들이 서로 도움을 주고 받으며 살아가고 있죠. 갯벌에 가서 이런 생물들을 잡으며 한참 놀다 보면 바닷물이 들어오니 갯벌에서 나오라는 방송이 들려올 때가 있습니다. 갯벌이 바다로 옷을 갈아입는 시간이라는 뜻이죠. 하루에 두 번씩 바다와 육지로 옷을 갈아입는 갯벌은 그만큼 풍성한 이야기를 만드는 공간입니다.

갯벌은 다른 말로 개펄, 줄여서 펄이라고 부릅니다. 갯벌은 밀물과 썰물이 교차하는 곳에 만들어지는데요. 해안 지형으로 보면 곳이 아닌 만에서 만들어집니다. 곳과 만이 무엇인지 아직 잊어버리지 않았죠? 해안에서 침식이 우세한 곳은 곳, 퇴적이 우세한 곳은 만이죠. 만은 바다 물질을 차곡차곡 쌓아두는 창고와 같은 역할을 하는데요. 바닷물에는 눈에 보이지 않는 작은 점토부터 눈에 보이는 모래알까지 다양한 크기의 물질이 떠다닙니다. 이런 다양한 물질 중 만에 쌓이는 물질은 크게 두 가지예요. 하나는 모래, 다른 하나는 점토죠. 모래가 주로 쌓이는 만은 모래사장을 만들어 해수욕장이 되고, 점토가 주로 쌓이는 만은 갯벌이 만들어지는 경우가 대부분입니다.

갯벌을 현미경으로 자세히 관찰하면 0.002mm보다 작은 입자인 점토가 주를 이루고 있어요. 점토는 워낙 크기가 작아 모래보다 물이 잘 빠지지 않아요. 파도가 밀려난 모래사장에선 바닷물이 금방 모래 밑으로 숨지만, 갯벌에선 곳곳에서 물이 남아 있지요. 갯벌이 생명을 키울 수 있는 핵심적인 이유가 바로 여기에 있습니다.

갯벌에는 육지의 강에서 흘러든 영양염류가 풍부합니다. 영양염은 갯벌에 기대어 사는 다양한 생물의 먹이가 되고, 그 생물은 철새의 먹이가 되죠. 인간은 갯벌의 이러한 장점을 이용해 갯벌 주변에서 양식업을 하기도 하지요. 나아가 갯벌은 태풍이 육지로 진입할 때 자동차의 범퍼처럼 충격을 완화해 주고, 육지에서 흘러든 오염 물질을 일차적으로 걸러주는 거름망 역할을 하기도 합니다. 정말 많은 장점을 가지고 있죠? 하지만 너른 갯벌이 발달한 곳은 세계적으로도 손에 꼽을 만큼 적습니다. 우리나라의 서·남해안, 캐나다의 펀디만 일대, 유럽 바덴해 일대 등은 세계적인 갯벌 지역이죠.

우리는 그 넓은 갯벌 중에서 유럽 바덴해로 여행을 떠나볼 거예요. 바덴해 갯벌에는 어떠한 인간의 이야기가 담겨 있을까요?

북해 속의 작은 바다 바덴해의 탄생

바덴해는 유럽에 있습니다. 유럽에서도 스칸디나비아 반도와 영국 사이의 'ㄷ'자 모양으로 움푹 팬 북해에서 가장 깊숙한 자리에 바덴해가 있지요. 바덴해에는 조수간만의 차로 만들어진 세계적인 규모의 갯벌이 발달해 있습니다. 오늘날 네덜란드, 독일, 덴마크 세 국가가 나눠 가질 정도로 넓고 큰 바덴해의 길이는 약 500km, 넓이는 약 10,000km^{2}에 달합니다.

바덴해의 위성사진을 보면 매우 독특한 모양에 놀랄 수도 있어요. 띄엄띄엄 좁고 긴 섬이 육지의 바깥을 감싸는 모양을 하고 있거든요. 마치 군부대 앞에 민간인 출입을 막는 바리케이드를 놓은 것처럼 보입니다. 여기서 바덴해의 구체적인 범위가 결정

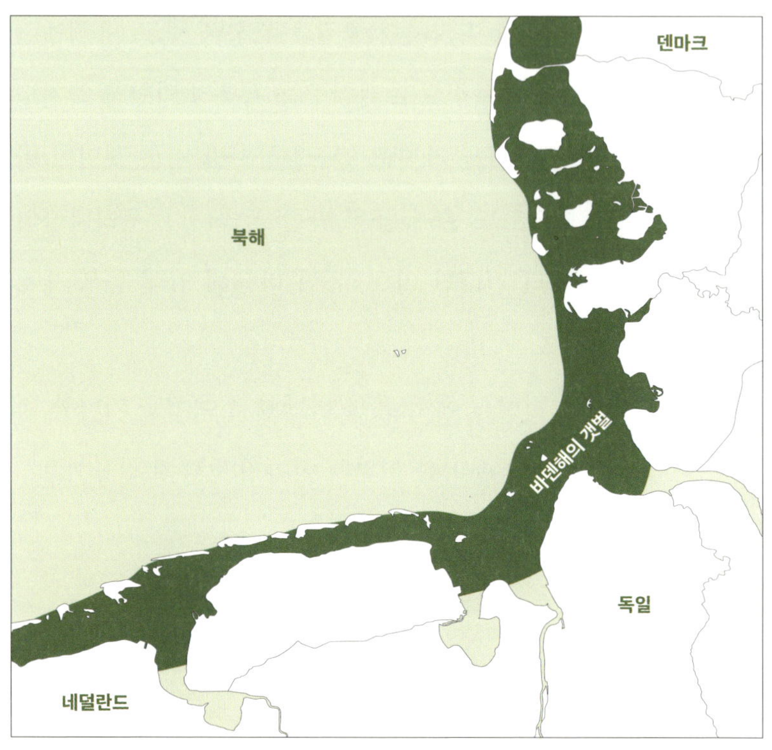

바덴해의 갯벌 바덴해의 갯벌은 네덜란드, 독일, 덴마크 세 나라의 해안에 걸쳐 발달해 있어요.

됩니다. 기차처럼 나란히 열 지은 섬은 북해와 바덴해의 경계선 역할을 하거든요. 섬을 기준으로 바깥쪽은 북해, 그 안쪽에서부터 육지까지가 바로 바덴해입니다.

지도에서 보는 해안선은 시간의 흐름에 따라 조금씩 변합니다. 구불구불한 해안선을 인간이 둑으로 막아 일자로 펴기도 하고, 때에 따라서는 자연적으로 해안선이 열리거나 닫히기도 하죠. 해변에서 모래놀이를 해본 적이 있죠? 두꺼비집을 짓거나 멋진 성을 짓기도 하는데, 바닷물이 들어오지 못하도록 길을 열기도 하고 닫기도 했을 거예요. 자연에서는 그런 일이 자연스럽게 이루어집니다. 그렇다면 바리케이드처럼 발달한 섬은 어떻게 만들어졌을까요?

바덴해를 조금 더 깊이 이해하려면 빙하가 크게 융성했던 빙기를 떠올려야 합니다. 마지막 빙기 때 북해는 육지였습니다. 유럽 전역을 뒤덮을 정도로 빙하가 크게 발달했던 시절이라 바닷물 높이가 지금보다 100m 정도 낮았죠. 그래서 그땐 프랑스에서 영국으로, 영국에서 노르웨이로 걸어갈 수 있었어요. 또한 이때

바덴해의 전경 바다를 향해 마치 바리케이드를 놓은 것처럼 모래섬이 열 지어 발달해 있어요.

는 기후가 무척 건조해서 작은 바람에도 모래바람이 일 정도로 물질이 많았습니다.

북해가 육지일 때 곳곳에 쌓였던 물질은 해수면이 오르는 과정에서 바닷물에 둥둥 떠다녔을 거예요. 그리고 이 물질은 더 이상 이동이 어려운 공간인 만에서 차곡차곡 쌓여갔을 테죠. 이때 해안에 쌓이는 물질을 한 걸음 물러나도록 만든 건 다름 아닌 강물입니다. 강물은 내륙에서 운반해 온 물질을 바다 쪽으로 밀어냈을 테고, 반대로 바다는 해안을 향해 물질을 밀어냈을 거예요. 이 두 힘이 균형을 이루는 곳이 바로 물질이 쌓이는 공간이죠. 엠스강, 베저강, 엘베강이 힘차게 바다로 흘러드는 힘과 과거 해수면이 천천히 오르던 힘이 줄다리기하는 중에 찾은 균형점이 바로 바리케이드처럼 생긴 섬이라는 게 흥미롭지 않나요?

유네스코 세계유산 바덴해의 지리적 의미

스마트 지도에서 바덴해의 위성사진을 보세요. 눈썰미가 좋다면 네덜란드에서부터 독일을 거쳐 덴마크로 이어지는 바덴해 중에서도 유독 독일과 덴마크에 속한 바덴해에 바리케이드 같은 섬이 부족하다는 걸 알아차렸을 거예요. 해당 지역에 퇴적 물질이 적은 이유는 조수간만의 차가 상대적으로 큰 지역이라서 그렇답니다. 해안을 드나드는 밀물과 썰물의 높이 차가 크다는 건 그만

쓸모 있는 지리 수업

큼 물살의 힘도 강하다는 뜻이죠. 우리나라의 서·남해안은 모든 지역에서 조수간만의 차가 큰 것 같지만 사실은 경기도 앞바다인 경기만 일대의 조차가 가장 큰데, 이것도 비슷한 이유에서 그렇습니다.

바덴해를 보면 그 안에 발달한 갯벌도 눈에 들어옵니다. 10여 개가 넘는 장벽 같은 섬이 바깥 바다에서 밀려드는 파도를 일차로 막아줍니다. 그래서 바덴해에서는 바닷물 흐름이 상대적으로 잔잔합니다. 밀물과 썰물이 드나드는 와중에 바덴해로 흘러드는 강은 내륙에서 가져온 물질을 내려놓습니다. 그 물질은 크게 모래와 점토로 이루어져 있지요. 모래를 많이 공급하는 곳은 모래가 쌓여 모래톱을 이루고, 점토 공급이 많은 곳에서는 점토가 쌓여 갯벌을 이루는 경우가 많습니다. 모래톱과 갯벌 사이는 하루에 두 번 밀물과 썰물이 오가고, 때론 바닷바람이 더 많은 바닷물을 바덴해로 밀어 넣습니다. 마르지 않는 샘물처럼 바덴해가 늘 풍부한 물을 품은 습지인 이유가 바로 여기에 있어요. 이런 점 때문에 바덴해는 모든 구간이 유네스코 세계유산으로 등재되었습니다.

이런 높은 자연적 가치 때문에 바덴해는 지금 모습 그대로 보존해야 합니다. 때론 짠 바닷물이 영향을 주고 때론 짜지 않은 강물이 영향을 주는 곳이라 다양한 동식물이 살고 있는 바덴해. 세계에서 가장 넓고 인위적으로 훼손되지 않은 이곳을 우리는 꼭

바덴해를 찾은 흰뺨기러기 무리 바덴해는 철새가 쉬어갈 수 있는 휴게소이기도 합니다.

지켜내야 해요. 수천 종의 바다 생물이 있는 바덴해, 그리고 새와 육상 동물이 한데 어우러진 공간이라니 얼마나 소중한가요. 그뿐인가요. 아프리카와 유라시아 대륙, 대서양을 오가는 철새에게도 바덴해는 중간 휴게소와 같은 공간을 제공하니 외부에서 찾아온 생명체에게도 바덴해는 너무나 소중한 공간입니다. 유네스코 보고서에 따르면 바덴해에는 동시에 약 600만 마리 새가 머물 수 있고, 매년 약 1,000만 마리의 새가 거쳐 간다고 해요. 그야말로 생태적으로 뛰어난 기능과 잠재력을 보유한 공간이지요.

바덴해를 나눠 가진 네덜란드, 독일, 덴마크는 어떻게 하면 바덴해를 지속 가능하게 보존할 수 있을지 고민합니다. 어업을 규

쓸모 있는 지리 수업

제하기도 하고 대형 선박이 지나는 걸 조절하여 혹시 모를 기름 유출 사고 등을 사전에 대비하기도 하죠. 이른바 '바덴해 3국 공동관리' 체계를 통해 서로 긴밀히 협력하고 있습니다.

바덴해는 세 나라의 정부와 시민단체가 꾸준히 보호 활동을 해나가면서 흥미로운 변화를 이뤄내기도 했어요. 바덴해에서 양식하는 홍합 양을 규제하거나 바덴해에 서식하는 참물범과 회색물범 개체 수를 늘리기 위한 노력 등이 그것이죠. 꾸준한 대화와 참여로 바덴해를 지키려는 세 나라의 노력은 여전히 현재진행형입니다.

조수간만의 차가 만든 루아르강

북해 연안을 벗어나 프랑스 서부 해안으로 가면 소금으로 유명한 루아르아틀랑티크주를 만납니다. 루아르아틀랑티크주의 주도는 낭트시인데요. 낭트시는 1598년 반포된 낭트 칙령으로 유명한 곳이죠. 파리에만 국한되었던 개신교도의 모임을 전국으로 확대한, 개신교 역사에서 의미가 큰 종교의 자유를 위한 선언이 바로 낭트 칙령입니다. 낭트시는 프랑스에서도 열 손가락 안에 들어가는 큰 도시인데, 도시를 관통하는 루아르강은 비스케이만으로 이어지는 감조하천입니다. 감조하천이 뭔지 궁금하죠?

프랑스 서부 해안 또한 최종 빙기 때 육지였어요. 이후 해수면

루아르강 전경 루아르강을 따라 낭트 시가지가 발달한 모습이에요. 루아르강은 하중도인데, 하중도란 하천에 있는 섬을 말해요. 강의 유속이 느려지면서 퇴적물이 쌓여 강 가운데에 만들어진답니다.

이 오르는 과정에서 오늘날과 같은 해안선의 모습이 갖추어졌죠. 나아가 프랑스 서부 해안은 바덴해처럼 조수간만의 차가 있어 밀물과 썰물이 자유롭게 드나드는 환경 조건을 갖추고 있습니다. 이러한 환경 조건으로 육지 안쪽까지 바닷물에 영향을 받는 구간이 생겼는데요. 이렇게 조석의 영향을 많이 받는 하천을 감조하천이라고 해요. 느낄 감感과 조수 조潮 자를 쓴 이유를 알겠죠?

루아르강이 감조하천이라는 것은 낭트시가 내륙에 있지만 바다와 소통할 수 있다는 뜻이에요. 감조하천은 밀물을 따라 배가 내륙으로 거슬러 오르고 썰물을 따라 바다로 나갈 수 있어서 내

쓸모 있는 지리 수업

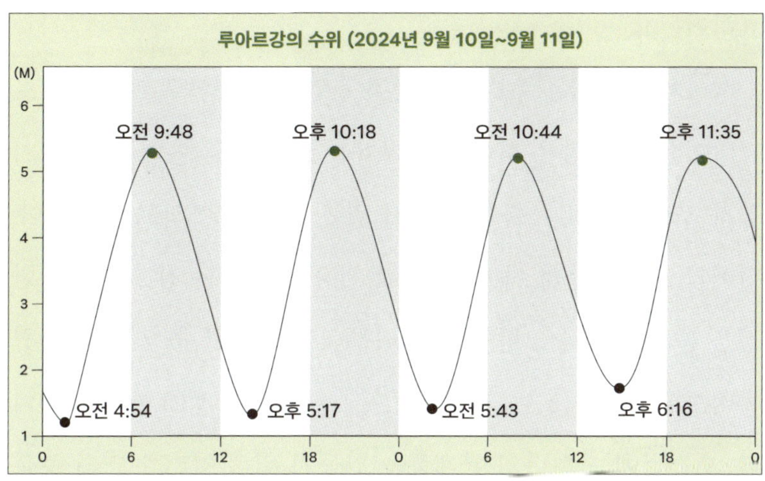

루아르강의 수위 변화 하루에도 물 높이가 자주 변하는 이유는 루아르강이 밀물과 썰물의 영향을 받는 감조하천이기 때문이에요.

연 기관이 발명되기 전까지 큰 역할을 했습니다. 낭트시 외곽에 마련된 배를 대는 시설은 그런 맥락에서 이해할 수 있는 것이죠.

해상 물류가 중요해진 비스케이만은 나아가 대서양과 얼굴을 맞댄 생나제르 항구의 성장으로 이어졌습니다. 생나제르 항구는 낭트시의 바깥 항구로 기능합니다. 대서양으로 바로 나갈 수 있는 지리 조건을 갖춘 터라 생나제르시는 배를 만드는 조선업과 물자를 주고받는 무역항의 기능을 갖추고 있어요. 생나제르의 여러 시설 중 가장 눈길을 끄는 건 조수간만의 차를 극복하기 위해 만든 갑문식 독이에요. 배를 만들거나 큰 배가 안전하게 항구에 정박하려면 춤추듯 변화하는 바닷물 높이를 극복하는 게 중요하거든요.

　생나제르 항만은 우리나라 인천에 있는 갑문식 독과 여러모로 닮았어요. 인천항은 서울로 들어가는 관문 역할을 하는 항구 기능과 조수간만의 차를 극복하기 위한 시설을 가지고 있습니다. 나아가 조수간만의 차가 큰 덕에 서울로 통하는 감조하천인 한강을 통해 마포나 노량진 같은 나루터로 이동할 수 있었지요. 결론적으로 생나제르는 지경학적으로 프랑스에 중요한 도시입니다. 오늘날에는 하나의 완제품을 만들기 위해 여러 지역의 부품과 자원이 이동합니다. 대서양을 건너 아메리카 대륙으로, 지중

루아르강 어귀의 항구 도시 생나제르의 갑문 시설 수위 변동이 심한 생나제르는 물 높이를 안정시키는 인공 시설 덕분에 항구 도시로 발달할 수 있었어요.

　　　　　　　　　　　　　　　　　　　　　　　　쓸모 있는 지리 수업

해와 홍해를 지나 아시아 대륙으로 나아갈 수 있는 생나제르항
은 유럽 최대의 무역항인 네덜란드 로테르담의 유로포트와 같은
기능을 수행하죠. 두 항구의 지리적 조건은 거의 비슷하지만, 대
서양으로 나아가는 지정학적 위치를 보면 생나제르항이 유로포
트보다 더 좋습니다.

생나제르항의 지정학적 의미는 20세기 두 차례의 세계대전을
통해 증명되었습니다. 본디 생나제르항 조선소도 유람선이 아닌
군함을 만드는 데 주력할 만큼 유럽과 아메리카 그리고 지중해
를 관장할 수 있는 생나제르항의 지정학적 특성은 그 중요성이
상당합니다. 제2차 세계대전 당시 나치 독일이 생나제르항을 점
령한 후, 강력한 잠수함 벙커를 만들어 활용한 것 또한 이곳이 지
정학적으로 중요한 곳임을 반증합니다.

생나제르항 근처에 발달한 소금 갯벌

생나제르항에서 북쪽으로 조금만 거슬러 오르면 프랑스 최대 염
전 지대를 만납니다. 인류 역사에서 결코 빠질 수 없는 소금은 종
류만도 여럿이에요. 그중에서 천일염과 정제염은 우리에게도 익
숙한 소금이죠.

천일염은 바닷물을 염전으로 들여 물을 증발시키고 남은 자연
적인 소금이고, 정제염은 나트륨과 염소를 화학 반응시켜 얻은

프랑스 게랑드 염전 대서양 연안에 있는 게랑드 염전은 프랑스 최대의 천일염 생산지예요.

인위적인 소금이에요. 전 세계적으로 소금 수요가 많다 보니 자연스럽게 정제염의 필요성이 높아졌지만, 천일염은 여전히 높은 가치를 지니고 있죠. 세계에서 천일염을 많이 만드는 곳 중 하나는 생나제르항 근처 게랑드입니다. 이곳에서 생산하는 수공 염전은 매우 유명하죠.

게랑드 염전은 오랫동안 내려온 전통 수작업으로 소금을 만듭니다. 예약 주문을 받아 수공업 중심으로 자동차를 만드는 롤스로이스처럼, 게랑드 염전에서 만든 소금도 매우 비쌉니다. 이 지역에서는 철기 시대 때부터 처음으로 소금이 만들어졌고,

쓸모 있는 지리 수업

1500여 년 전부터 시작된 전통 방식이 지금까지 전해 내려오면서 대대손손 소금 만드는 기술이 축적되다 보니 맛과 향, 빛깔이 여느 소금과는 다를 수밖에 없습니다. 게랑드 염전에서 만든 소금이 남다른 이유는 이 지역 일대의 지리적 조건과 밀접한 관련이 있습니다.

하늘에서 소금을 얻는다는 뜻의 천일염은 기후 조건이 잘 어우러져야 높은 품질의 소금이 생산됩니다. 게랑드 일대의 염전 바닥은 대부분 흙입니다. 바닥에 모래와 점토가 저절히게 쉬여 있는 덕에 각종 미네랄이 소금 성분에 가미되죠. 바닷물과 모래 그리고 점토에서 나온 다양한 물질은 소금의 빛과 맛을 차별화하는 중요한 요소입니다. 나아가 대서양에서 불어오는 꾸준한 바닷바람과 태양을 오랫동안 볼 수 있는 기후 조건은 특별한 소금이 만들어지는 데 큰 도움을 줍니다.

우리나라도 게랑드 염전의 소금처럼 품질 좋은 소금을 생산합니다. 바로 전라남도 신안군에서 생산하는 소금이 그렇습니다. 신안군은 조수간만의 차가 큰 다도해의 이점을 살려 섬 곳곳에 염전을 만들었는데요. 신안군의 천일염 역시 미네랄이 풍부한 소금으로 유명합니다. 유럽의 프랑스와 동아시아의 우리나라에서 비슷한 방식으로 소금을 생산할 수 있는 것은 지리 조건이 비슷하기에 가능한 일이랍니다.

이야기 두 줄 요약

갯벌은 조수간만의 차가 큰 바다 해안의 만에서 만들어집니다. 갯벌은 생명 다양성이 높고, 이산화탄소를 흡수하는 블루카본으로서 가치가 높습니다.

교과서 속 용어 정리

갯벌: 밀물 때 바다에 잠기고 썰물 때 드러나는 땅.

조차: 밀물과 썰물 때 해수면의 수위 차이.

더 읽어보기 — 기후 위기 시대, 갯벌과 습지의 보존 가치

21세기에 들어 세계는 이상 기후로 몸살을 앓고 있습니다. 전 세계가 기후 위기에 관한 심각성에 공감할수록 갯벌의 가치는 더욱 높아지는 추세입니다.

갯벌은 기후변화의 가장 핵심적인 원인으로 지목된 이산화탄소를 줄이는 효과가 큽니다. 나무가 광합성을 하면서 이산화탄소를 흡수한다면, 갯벌은 그 자체로 굉장히 많은 양의 이산화탄소를 흡수해요. 한 연구에 따르면, 우리나라 전체 갯벌이 약 4,800만 톤의 이산화탄소를 저장하고 있고, 1년 동안 26~48만 톤 정도의 이산화탄소를 가두는 효과가 있다고 해요.

우리나라의 갯벌 전경 해양 생물의 광합성으로, 맹그로브숲처럼 해양 생태계가 흡수하는 탄소를 '블루카본'이라 부릅니다. 해양 생물의 훌륭한 보금자리인 갯벌은 블루카본으로서 가치가 높습니다.

이렇게 해양 생태계가 흡수하는 탄소를 블루카본 blue carbon 이라고 하는데요. 블루카본은 바다를 뜻하는 블루 Blue 와 탄소를 뜻하는 카본 Carbon 의 합성어예요. 그동안은 바닷가에 대규모로 서식하는 맹그로브숲처럼 식생이 덮인 곳에서 블루카본 효과를 볼 수 있다고 여겨졌지만, 최근 연구 결과는 자연 상태의 갯벌도 충분한 가치를 지니고 있다는 걸 보여줍니다. 그런 면에서 우리나라의 갯벌뿐만 아니라, 조수간만의 차가 큰 세계 여러 지역의 갯벌과 습지는 기후 위기 시대에 반드시 보존해야 할 공간이죠.

하지만 갯벌과 습지는 여러 이유로 빠르게 자취를 감추고 있어요. 인류는 18세기 산업혁명을 통해 강력한 물질문명의 힘을 구축했고, 그 과정에서 막대한 면적의 습지를 훼손했어요. 특히 갯벌 같은 해안 습지를 없애는 간척 사업이 가장 큰 골칫거리였죠. 지구의 허파라 불리는 아마존 밀림이 야금야금 사라지듯, 습지 역시 인간의 필요에 따라 조금씩 자취를 감추고 있습니다. 이집트 문명, 메소포타미아 문명, 황허 문명, 인더스 문명 등 하천 옆의 습지는 세계 문명을 꽃피운 공간이기도 합니다. 초기 문명사회가 일군 터전이죠. 국제 사회는 이토록 중요한 가치와 의미를 지닌 갯벌과 습지를 지키고 현명하게 활용하기 위해 람사르 협약을 맺었습니다.

습지는 화석연료와도 관계가 깊습니다. 산업혁명의 원동력이 되었던 대표적 화석연료인 석탄은 얕은 습지에 차곡차곡 쌓인 나무가 오랜 시간 탄화된 결과물이에요. 습지에 갇혔던 탄소가 화석연료가 되고, 산업혁명을 맞아 대기 중으로 연소되었으니, 인간의 산업 활동이 기후 위기를 심화한다는 건 부정할 수 없는 현실입니다.

이제는 간척이 아닌 역간척의 시대

산업화 시대를 거치면서 갯벌은 줄곧 간척 대상으로 여겨졌어요. 하지만 기후 위기에 따른 환경 변화가 빨라지면서 간척지를 갯벌로 되돌리는 '역간척' 사례도 늘고 있습니다. 염전으로 사라진 갯벌에 다시 바닷물을 들어 갯벌을 복원하려는 시도는 자연스럽게 주변 생태계의 복원도 유도하죠. 네덜란드나 독일 같은 유럽 국가는 이미 1980년대부터 역간척을 추진 중이며, 우리나라도 지방자치단체를 중심으로 서·남해안의 갯벌을 복원하려는 시도를 꾸준히 이어가는 중입니다.

7장

해안선(노르웨이 해안)

복잡한 해안선이
왜 관광지와 무역항이 될까?

높은 곳에 올라 해안선을 바라보면 어떤 생각이 드나요? 다채로운 모양으로 들고 나는 해안선을 보고 있으면 자연은 최고의 예술가라는 생각이 들곤 합니다. 만약 해안선이 직선이었다면 어땠을까요? 단조롭게 보일 뿐 아름답다는 생각은 들지 않았을 거예요. 육지에서 바다를 향해 돌출된 부분도 있고 그 반대인 경우도 있다 보니 이토록 다채롭고 아름다운 경관을 만들어내는 것이죠. 우리나라의 서·남해안은 특히나 드나듦이 복잡한 해안으로 잘 알려져 있어요. 무수히 많은 섬과 복잡한 해안선이 아름답기로 유명한 서·남해안. 우리나라는 이곳을 다도해 해상국립공원과 한려 해상국립공원으로 지정하여 특별 관리하고 있답니다.

그럼 조금 더 시야를 넓혀 세계의 복잡한 해안선을 찾아볼까요? 가장 먼저 눈에 띄는 곳은 유럽 스칸디나비아 반도에 있는 노르웨이 해안입니다. 노르웨이 제2의 도시 베르겐 일대의 위성 사진을 보면 해안선의 드나듦이 매우 복잡한 걸 알 수 있죠. 베르겐 주변은 물론 노르웨이 서쪽 해안을 따라 북으로 올라가면, 모든 해안이 비슷한 패턴으로 복잡한 형태를 띠고 있어요. 눈썰미가 좋은 사람이라면 노르웨이 해안의 패턴이 우리나라 서·남해안과 차이가 있다는 걸 알아차릴 수도 있을 거에요.

서·남해안과 노르웨이 서부 해안은 지리적으로도 가치가 있습니다. 지리학에서는 두 해안을 부르는 명칭도 따로 있는데요. 서·남해안 일대는 리아스 해안, 노르웨이 서부 일대는 피오르 해안이라고 부르지요. 리아스와 피오르는 형성 과정에서 공통점도 있지만 인간이 어떻게 활용했는지에 있어서는 차이점이 뚜렷합니다.

그럼 먼저 공통점을 찾아볼까요? 두 해안은 해안선이 복잡하다는 것 말고도 해수면 상승과 관련이 있다는 점에서 공통점을 보입니다. 해수면이 상승했다는 것은 바닷물 높이가 높아졌다는 뜻인데요. 바닷물 높이를 변동시키는 가장 큰 요소는 빙하예요. 지구에 있는 수증기 전체를 100으로 봤을 때, 극지방에 있는 빙하는 수증기를 얼음 형태로 가둔 것이라 볼 수 있어요. 이렇게 보면 바다에 있어야 할 수증기가 극지방의 빙하 형태로 존재하는 셈인데요. 그래서 빙하가 녹은 물이 바다로 흘러들면 바닷물 높이는 올라갈 수 있습니다. 만약 빙하가 굉장히 잘 만들어질 수 있는 환경이라면 반대로 바닷물 높이가 낮아질 수 있겠죠. 최근 지구온난화에 따른 해수면 상승을 우려하는 것은 바로 이런 이유에서입니다.

리아스와 피오르 해안은 바닷물 높이가 오르는 상황에서 만들어졌어요. 세계적으로 바닷물이 높아지는 현상은 지구가 무척 추웠던 마지막 빙기, 그러니까 약 1만 년 전에 끝난 최종 빙기 때 이후입니다. 뷔름빙기 이후 오늘날까지 지구 대기의 평균 기온은 서서히 올랐고, 그 덕에 빙하 녹은 물이 많아졌죠. 그 과정에서 상대적으로 얕은 골짜기는 바닷물이 밀려들어 복잡한 해안선이 만들어졌고요.

그렇다면 형성 과정이 비슷한 리아스와 피오르 해안의 차이점은 무엇일까요? 이 두 해안에서 만들어진 인간의 다채로운 이야기를 따라가 볼까요?

우리나라 서·남해안의 리아스 해안

한반도 지도에서 해안선을 따라 시선을 옮겨보세요. 남북한을 통틀어 가장 복잡한 해안선은 서·남해안에 집중돼 있습니다. 동

우리나라 서·남해안 일대 지도 산맥과 해안이 교차하는 과정에서 수많은 섬과 반도가 열 지어 발달한 리아스 해안이 만들어졌어요.

해안은 서·남해안과는 대조적으로 해안선 굴곡이 심하지 않아요. 서·남해안 중에서도 해안선 굴곡이 특히 심한 구간은 전라남도 신안군에서부터 진도를 돌아 거제도까지입니다. 이 구간 중 전라남도 여수 반도를 기점으로 서쪽으로는 다도해 해상국립공원이고, 동쪽으로는 한려 해상국립공원입니다. 이렇듯 복잡한 해안선이 만들어진 과정을 알려면 우선 서·남해안 일대 산줄기 방향에 관심을 가져야 합니다. 무슨 뜻이냐고요?

서·남해안 일대 산줄기는 크게 보아 북동–남서 방향입니다. 차령산맥과 노령산맥, 소백산맥의 산줄기는 한반도에서 비스듬

한 각도로 해안을 만납니다. 여기서 중요한 게 산줄기가 바다와 교차하는 모습이에요. 이해하기 어렵다면 쌀을 씻을 때, 손바닥을 펼쳐 물의 양을 가늠한다고 상상해 보세요. 손가락을 모으고 쌀 씻은 물 위에 손바닥을 대면 물과 접촉한 손가락 면의 굴곡은 적습니다. 하지만 반대로 손가락을 펼쳐 손바닥을 대면 손가락 사이로 물이 차올라 손가락 면의 굴곡이 심해지는 걸 볼 수 있습니다. 여기서 손가락을 산줄기, 쌀뜨물을 바다로 생각하면 리아스 해안의 기본 골격을 이해할 수 있어요.

앞서 언급했듯이 최종 빙기 때는 전 세계적으로 해수면이 낮았습니다. 이후 세계 곳곳의 빙하가 서서히 녹으면서 바닷물이 높아졌고, 그 과정에서 상대적으로 낮은 곳부터 물이 차올랐지요. 우리나라 서·남해안 역시 바닷물 높이가 오르면서 여기에 영향을 받았어요. 지난 최종 빙기 때 육지였던 서해는 평균 수심이 약 45m였어요. 이는 동해의 평균 수심인 약 1,500m보다 매우 낮은 수치죠. 그래서 서·남해는 최종 빙기 이후 바닷물 높이가 오르는 과정에서 산줄기가 침수되었고, 그 과정에서 산줄기 사이마다 물이 차올라 복잡한 해안선이 만들어진 것입니다.

여기서 잠깐! 흥미로운 사실이 하나가 있어요. 해안뿐만 아니라 육지에서도 리아스 해안과 비슷한 경관을 볼 수 있다는 사실! 스마트 지도에서 충주호를 찾아보세요. 충주호의 위성사진을 보

    쓸모 있는 지리 수업

충주호 전경 충청북도 내륙의 남한강 줄기에 충주댐을 만들어 조성한 충주호는 '내륙의 다도해'라 부를 정도로 경관이 뛰어납니다.

면 드나듦이 매우 복잡한 호안선을 볼 수 있어요. 충주호는 자연적으로 만들어진 호수가 아니에요. 1985년 먹을 물과 농사에 쓸 물을 확보하기 위한 목적으로 남한강 물줄기를 막아 건설한 충주댐으로 조성된 인공 호수죠. 댐이 물길을 막자 서서히 강물이 차올라 주변 계곡 사이사이를 메워서 만들어진 충주호의 경관은 리아스 해안이 만들어지는 과정과 같습니다. 충주호의 풍경을 감상하다 보면 과연 '내륙의 다도해'라 불릴 만하다는 생각이 든답니다.

리아스 해안을 활용한 이순신 장군의 위대한 전략

리아스 해안인 남해안은 성웅 이순신이 싸운 전장이기도 합니다. 갑자기 왜 이순신 장군님 이야기를 꺼내냐고요? 이순신과 리아스 해안이 관련 있기 때문이에요. 자, 그럼 둘의 관련성을 파헤치기 위해 조선 중기 한산도 대첩 때로 돌아가보죠.

한산도 대첩은 임진왜란 때 벌어진 여러 해전 중에서도 손에 꼽는 명전투입니다. 1592년 8월 14일 한산도 앞바다에서 조선과 일본 수군이 벌인 전투는 임진왜란의 물줄기를 조선에 유리한 방향으로 바꾼 변곡점이었죠. 한산도 대첩은 이른바 보자기로 물건을 둘러싸는 전술 형태인 학익진을 처음으로 선보인 전쟁으로도 유명합니다.

이순신 장군은 판옥선 다섯 척을 일본 수군이 정박하던 견내량, 그러니까 거제와 통영 사이의 좁은 바다로 출정시켰습니다. 견내량에 진입한 판옥선은 넓은 바다에 매복한 이순신 장군의 본진으로 적을 유인하기 위한 미끼였죠. 당시 일본 수군 수장은 와키자카 야스하루脇坂安治. 이순신과는 첫 대결이었습니다. 자신감이 충만했던 와키자카는 거짓으로 퇴각하는 이순신 장군의 전략에 속아 넘어갔습니다. 일본은 견내량을 지나 넓은 바다까지 퇴각하는 배를 함대까지 모두 동원해 쫓아갔습니다. 일본군의 배가 좁은 해협에 들어섰을 때 매복하고 있던 조선 수군이 이순

쓸모 있는 지리 수업

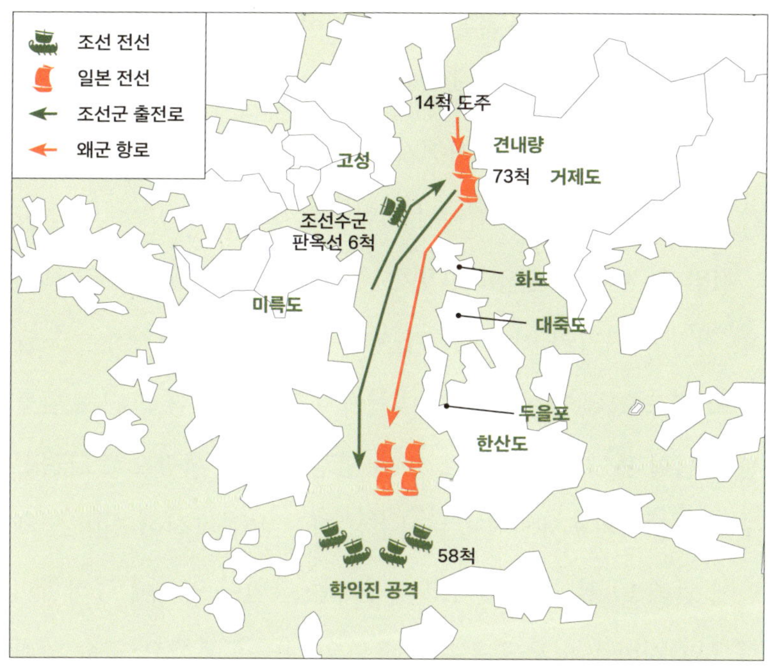

한산도 해전 상황도 이순신은 리아스 해안의 지형 조건을 십분 활용하여 아군의 피해 없이 왜군을 섬멸하는 한산도 대첩을 이끌었어요.

신 장군 본진과 함께 학익진을 펼쳐 와키자카 수군을 궤멸시킨 게 바로 한산도 대첩입니다.

한산도 대첩이 벌어진 곳은 전형적인 리아스 해안이에요. 좁은 수로와 넓은 바다 그리고 드나듦이 복잡한 해안선이 무수히 교차하는 공간이어서 좁은 길목을 적절히 활용하면 적은 부대로도 큰 승리를 이끌 수 있었지요. 그러고 보니 이순신 장군이 치른 칠천량 해전, 노량 해전, 명량 해전 등은 모두 좁은 물길과 그곳을 통과하는 조류의 흐름을 속속들이 이해한 이순신에게 유리한 전장이었어요. 지금이야 모두 다리로 연결되어 복잡한 해안선을 이용한 전략적 가치가 떨어졌지만 당시만 하더라도 리아스 해안은 전략적 가치가 매우 뛰어난 해안이었어요.

천만 관객을 모은 영화 〈명량〉을 보았다면 한번 떠올려보세요. 적장 와키자카 야스하루가 이순신 장군을 두려워하는 모습을요. 그도 그럴 것이 한산도 대첩에서 간신히 목숨을 건져 탈출한 경험이 있기 때문이지요. 반면 명량 해전의 적장으로 그려진 구루시마 미치후사來島通総는 이순신 장군보다 자신이 리아스 해안에 관해 더 잘 알고 있다고 자부하는 장면이 영화에 등장합니다. 구루시마는 일본 규슈 앞바다를 무대로 활동했고, 규슈 앞바다 또한 리아스 해안이었기에 충분히 승산이 있다고 본 것이죠. 하지만 명량에서 이순신의 함대 10여 척과 맞붙은 구루시마는 300척이 넘는 압도적인 함대를 이끌고도 대패하였고, 결국 목숨마저 잃고 말았습니다. 명량(울돌목)은 리아스 해안에 대해 이순신 장군이 얼마나 탁월하게 이해하고 있었는지 엿볼 수 있는 전장입니다.

노르웨이 서부 해안과 피오르 해안의 탄생

유럽 스칸디나비아 반도의 노르웨이는 남북으로 좁고 길게 생

노르웨이의 송네피오르 노르웨이 국토의 서부 해안은 매우 복잡한 해안선으로 유명한 피오르 해안이 발달했습니다.

겼습니다. 스칸디나비아 산맥이 지나는 노르웨이의 지도를 보면 북해와 노르웨이해에 면한 서부 해안선이 유독 복잡한 걸 알 수 있죠. 이곳이 바로 피오르 해안입니다.

노르웨이 피오르 해안은 복잡한 해안선의 끝판왕이라 부를 정도로 구불구불합니다. 드나드는 모양도 리아스 해안과는 사뭇 다르죠. 어떤 면에서 다를까요?

피오르 해안을 이해하려면 빙하에 대해 알고 있어야 해요. 최종 빙기 때 지구는 혹독한 추위로 고위도 대부분 지역이 빙하로 덮였어요. 빙하의 최전성기엔 한반도 개마고원 일대까지 성장할 정도로 위세가 대단했지요. 극지방과 가까운 고위도에 있는 스

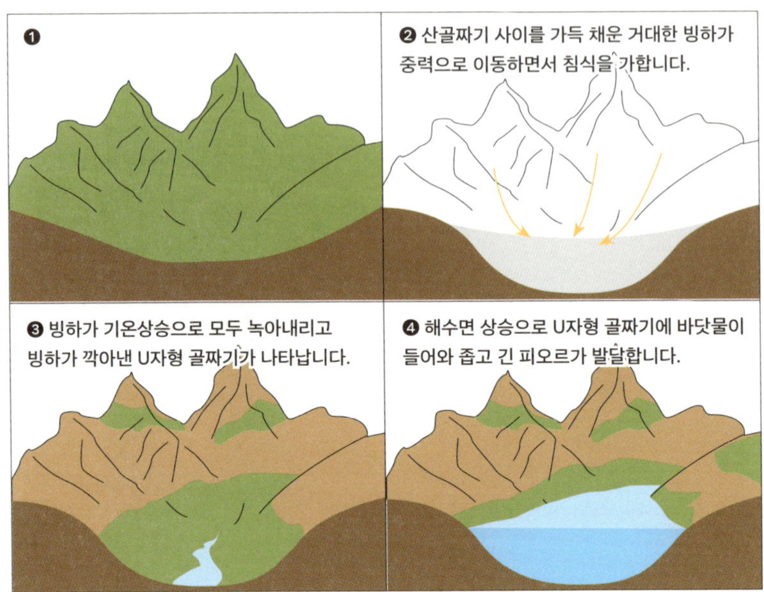

피오르 해안 형성 과정 모식도 피오르 해안은 빙하가 이동하면서 만든 거대한 골짜기 사이에 바닷물이 들어차면서 형성되었어요.

칸디나비아 반도는 말할 것도 없이 온통 빙하로 덮여 있었어요. 스칸디나비아 반도를 뒤덮은 빙하를 상상해 보세요. 어마어마했 겠죠? 거대한 얼음덩어리가 짓누르던 빙하 중에서도 가장 오래 도록 살아남은 빙하는 해발고도가 높은 산 정상부에 있었어요. 빙하는 해안의 저지대보다 기온이 상대적으로 낮은 고지대에서 더 오래도록 남아 있을 수밖에 없으니까요. 그러다 추위가 점차 누그러지면서 빙하는 서서히 몸집을 줄여나갔어요. 그러면서 고 지대 빙하도 서서히 낮은 지대로 이동했죠. 빙하는 마치 거대한 항공모함처럼 중력 방향으로 천천히 움직이면서 땅을 깎아 내려 갔습니다. 빙하가 지나간 자리는 알파벳 'U' 모양의 깊고 넓은 계곡이 만들어졌고요.

피오르 해안이 왜 좁고 깊은 골짜기와 그 사이에 속속들이 바다가 들어차 있는지 이해하겠죠? 바닷물 높이가 오르면서 내륙의 깊숙한 지역까지 들어찬 물은 곧 바다와 내륙이 연결된다는 뜻입니다. 리아스 해안이 강물이 흐르는 계곡 사이에 들어찬 물로 만들어진다면, 피오르 해안은 빙하가 이동하면서 길게 깎은 거대한 골짜기에 물이 들어찬 것이죠. 그래서 피오르 해안은 리아스 해안보다 평균 수심이 깊고 내륙으로 더 깊숙하게 드나드는 해안선을 만듭니다.

이런 피오르 해안은 노르웨이 말고 다른 나라에서도 볼 수 있습니다. 노르웨이 피오르 해안에서 같은 위도선을 따라 이동하면 만날 수 있죠. 노르웨이에서 가까운 아이슬란드와 그린란드 해안, 북아메리카 대륙의 캐나다 북서부와 알래스카 해안에는 노르웨이처럼 복잡한 형태의 피오르 해안이 발달했습니다.

이러한 경향은 남반구에서도 고스란히 나타납니다. 남아메리카 대륙의 칠레 끝자락 해안을 찾아 비슷한 위도를 따라 이동하면 서쪽으로 뉴질랜드 남섬에서 똑같은 피오르 해안을 만날 수 있어요. 이를 통해 알 수 있는 사실은 무엇일까요? 피오르 해안

은 최종 빙기 때 빙하가 탁월하게 발달한 고위도 지역에서 나타
난다는 점입니다. 빙하가 깎은 길에 물이 들어찬 것이 피오르 해
안이니 빙하가 발달했던 곳에서 피오르 해안을 목격할 수 있는
건 자연스러운 일이지요.

바이킹을 키운 피오르 해안

드나듦이 복잡한 피오르 해안은 바이킹의 주무대이기도 했어요.
바이킹은 8세기 말에서 11세기 중엽 사이 배를 타고 바다를 누
비며 교역하거나 남의 물건을 빼앗는 일로 생계를 꾸리던 노르
드인을 가리키는 말인데요. 노르드인은 오늘날 노르웨이가 있는
스칸디나비아 반도 일대와 덴마크가 있는 유틀란트 반도 일대에
살았죠. 이들은 가까이 있는 북해와 발트해를 주요 활동 무대로
삼아 바다를 장악했고, 한때 남으로는 지중해 일대, 동으로는 러
시아와 우크라이나 일대, 서로는 영국을 넘어 아이슬란드에 이
르는 광범위한 지역을 공포에 떨게 했답니다. 바이킹이 북유럽
일대와 대서양에서 위세를 떨칠 수 있었던 이유는 다름 아닌 항
해술이 뛰어났기 때문이에요.

바이킹의 주요 활동 무대는 피오르 해안이었어요. 오늘날 바
이킹의 어원 중 하나인 비크^{vik}는 개울, 입구, 작은 만, 좁은 강에
서 온 사람 등을 뜻합니다. 해안선의 드나듦이 매우 복잡한 피오

르 해안에서 나고 자라며 생계를 유지하던 바이킹은 좁고 깊은 만을 드나들며 탁월한 항해술 감각을 익혔습니다. 바이킹은 좁고 길며 유선형 모양의 배를 활용한 항해술을 펼치며 세력 확장에 박차를 가했죠. 바이킹의 배는 바닥이 낮고 앞뒤 구분이 없어 방향을 바꾸거나 낮은 습지대를 이동하기에 유리했어요. 유럽의 대항해 시대가 열리기 한참 전, 바이킹은 이미 대서양을 건너 그린란드와 오늘날의 캐나다 북부 해안에 근거지를 마련할 정도였으니까요.

오늘날 남아 있는 바이킹의 배 중에서 보존 상태가 가장 좋은 것은 노르웨이 오슬로에서 발굴된 배예요. 바이킹의 장례 문화 중에는 신분이 높은 사람일 경우 배에 시신과 함께 몇 가지 물건을 함께 넣고 진흙으로 매장하는 풍습이 있었는데요. 당시 배 모양을 보면 날렵하고 부드러운 유선형 모양이에요. 그리고 바이킹의 배에서 유독 흥미로운 건 수많은 노입니다. 이렇게 많은 노를 저었다는 것은 피오르 해안 일대 유속이 매우 빨랐다는 것을 반증하는 것이죠.

피오르 해안은 좁고 깊은 협만 중에서도 유속이 빠른 곳이 꽤 많아요. 우리나라에서는 명량이라 불리는 울돌목이 시속 20km 정도로 가장 빠른데요. 노르웨이 피오르에는 이보다 두 배 정도 유속이 빠른 곳이 있습니다. 바로 살트스트라우멘 마엘스트롬입

바이킹의 선박 스칸디나비아 일대에서 활용된 바이킹 선박은 독특한 구조를 가지고 있어요. 끝이 대칭이고 가늘고 유연한 보트 형태여서 전후방으로 이동하기 쉬웠어요.

니다. 밀물과 썰물이 교대하는 중에 만들어내는 이곳의 물살은 보는 것만으로도 공포심이 생길 정도이지요.

살트스트라우멘 마엘스트롬의 유속이 빠른 이유 역시 빙하 때문입니다. 일대를 덮었던 거대한 빙하가 사라지자, 억눌렸던 땅이 빙하의 무게를 덜어낸 만큼 솟아오른 것이죠. 그 와중에 끊어진 땅이 만들어지기도 했는데, 살트스트라우멘 일대가 바로 그런 자리에 해당합니다. 끊어진 땅에선 높이 차이가 발생해 물살이 빨라지고 소용돌이치는 일이 빈번하게 일어납니다. 아무리 항해술이 뛰어난 바이킹이라도 이런 곳에서는 항해하기가 힘들

쓸모 있는 지리 수업

수밖에 없겠지요. 그래서 살트스트라우멘 일대는 바이킹의 주요 활동 무대가 아니었어요. 이처럼 인간의 역사는 지리적 환경과도 밀접하게 관련되어 있답니다.

이야기 두 줄 요약

세계적으로 복잡한 해안선을 가진 곳은 크게 두 가지 유형으로 구분할 수 있습니다.

하나는 하천이 깎아 만든 계곡에 물이 차올라 만들어진 리아스이고, 다른 하나는 빙하가 깎아 만든 계곡에 물이 차올라 만들어진 피오르입니다.

교과서 속 용어 정리

• 다도해: 섬이 많은 바다를 뜻함.

• 해안선: 바다와 육지가 맞닿는 선을 뜻함.

더 읽어보기   리아스와 피오르 해안의 지경학적 가치

유럽 지중해에 가면 에게해의 리아스 해안을 만날 수 있어요. 에게해는 유럽 문명의 출발 공간으로 유명하죠. 에게해는 지중해에서 해안선의 드나듦이 가장 복잡하고 섬이 많은 바다

에게해의 위성 사진 에게해는 해안선의 드나듦이 복잡한 리아스 해안이에요.

예요. 오늘날 에게해는 그리스와 튀르키예 사이에 놓인 바다
이면서 흑해와 마르마라해를 지중해와 잇는 길목이기도 합니
다. 다도해이자 바다의 길목이어서 고대부터 이곳에서는 여
러 도시 문명의 뿌리인 에게 문명이 꽃을 피웠지요.

에게 문명은 고대 크레타섬의 미노스 문명과 펠로폰네소스 반
도 미케네 문명의 뿌리입니다. 크레타섬과 펠로폰네소스 반
도는 에게해 경계에 해당하는데요. 에게해의 수많은 섬 중에
서도 가장 바깥에 위치하고 면적이 넓은 덕에 사람들이 들어
와 자체 문화를 형성하고 기술을 발달시킬 수 있었어요. 미노
스와 미케네 문명은 그리스와 스파르타로 대표되는 도시 국가

쓸모 있는 지리 수업

출현으로 이어져 오늘날 유럽 문화의 근간이 되었답니다.

드나듦이 복잡한 해안은 사람이 살 수 있는 공간을 무수히 창출합니다. 복잡한 리아스 해안과 많은 섬에서 다채로운 도시 국가가 만들어진 건 우연한 일이 아니지요. 그런 면에서 리아스 해안은 지경학적 가치가 높습니다. 천연 항구 기능을 갖춘 리아스 해안은 오늘날 그리스가 수산업과 무역으로 높은 부가가치를 창출하는 밑바탕이 되었어요.

피오르 해안도 비슷한 가치를 창출했어요. 내륙으로 좁고 길게 들어가 수심이 깊은 피오르는 북해를 수시로 드나들 수 있는 천연 항구를 만들어 주었어요. 가장 대표적인 도시가 노르웨이 수도 오슬로와 제2의 도시 베르겐입니다. 두 도시 모두 피오르가 창출한 드나듦이 복잡한 공간 중에서도 내륙과 해안을 잇는 요충지에 있습니다. 좁고 깊고 푸른 바다를 끼고 양옆으로 터널처럼 펼쳐진 유선형 절벽은 보는 사람에게 큰 즐거움을 줍니다. 이러한 아름다운 경관은 세계 최고의 여행 상품을 만들어 노르웨이 경제에 큰 보탬이 되고 있습니다.

노르웨이의 피오르 중에서도 송네피오르와 하르당에르피오르가 유명한데요. 노르웨이에서 가장 길고 수심이 깊은 송네피오르는 길이만 200km가 넘고, 최대 수심은 1,300m에 달합니다. 베르겐에서 이어지는 하르당에르피오르도 만만치 않은 규모예요. 좁은 피오르 협만에서는 연간 4만 톤에 달하는 대서양 연어 양식이 이루어집니다. 피오르 해안에서 연어 양식이 가능한 까닭은 고위도 지역의 바다라서 수온이 차고 수심이 깊기 때문입니다. 노르웨이 양식장은 물고기가 이동할 수 있는 넓은 공간과 수심을 확보할 수 있는 조건을 갖추고 있기 때문에 지속 가능한 형태의 양식입니다. 피오르를 활용한 양식은 세계적으로 초밥 수요가 늘면서 경제 가치가 높아지고 있어요. 피오르가 가진 지경학적 가치를 보여주는 대목입니다.

더 생각해 보기 · 자기닮음 패턴을 보이는 해안선

복잡한 해안선은 과학 이론인 프랙털fractal로 설명할 수 있어요. 프랙털 구조란 끝없이 계속되는 자기닮음의 반복 현상을 가리키는데요. 복잡한 해안선이 그렇습니다. 해안선은 좁게 보나 넓게 보나 불규칙하고 복잡하니까요. 이러한 현상은 나뭇가지, 브로콜리 등 자연에서 볼 수 있는 다양한 자기닮음 패턴과 같습니다.

8장

단층(홍해)

거대한 땅 갈라짐이
바다를 만들었다고?

바다 이름 중에는 색깔이 이름이 된 경우가 있습니다. 우리나라와 중국 사이에 있는 황해^{Yellow Sea}, 아프리카와 아라비아반도 사이에 있는 홍해^{Red Sea}, 아시아와 유럽 사이 지중해에 딸린 흑해^{Black Sea}, 러시아 북서쪽 바렌츠해에 속한 백해^{White Sea}가 대표적이지요. 이러한 지명을 보면 정말 바다 색깔이 그런지 궁금해집니다. 결론부터 말하자면 꼭 그렇지는 않습니다.

황해는 중국 황허강에서 쏟아지는 누런 황토 빛깔과 지리적으로 관련이 있지만, 홍해는 연안의 산호초 색깔, 또는 주변 산맥의 빛깔과 관련 있다는 등의 여러 설이 있습니다. 흑해라는 이름의 유래에 대해서도 여러 견해가 있는데요. 튀르크족 문화에서 검

은색이 북쪽을 뜻해서 붙여진 이름이라는 유래가 가장 설득력이 높습니다. 튀르키예 북쪽에 흑해가 있으니까요.

색깔이 이름이 된 바다는 이름 때문에 호기심을 자극하는데, 그중에서 가장 큰 호기심을 불러 모으는 바다는 단연 홍해입니다. 바다 형태가 독특하거든요. 홍해는 아프리카와 아시아 대륙의 경계를 좁고 길게, 그리고 뚜렷하게 나눕니다. 지중해 남동쪽 모서리에서 역삼각형 모양의 시나이 반도를 지나면 남북 방향으로 좁고 긴 홍해가 이어집니다. 점점 넓어지나 싶다가 길목이 좁아져 바브엘만데브 해협을 지나 아덴만과 연결되지요. 인간이 이집트에 놓은 좁은 수에즈 운하에서 시작된 홍해가 자연이 만든 바브엘만데브 해협에서 끝나는 모양새입니다. 생김새만큼이나 흥미로운 이야기를 품고 있죠?

그럼 이렇게 흥미로운 홍해는 어떻게 만들어졌는지 지금부터 살펴보죠. 홍해가 어떻게 형성됐는지 알고 싶다면 좁고 길며 날카로운 바다 형태를 눈여겨봐야 해요. 이런 형태의 바다를 만들려면 아무래도 땅속의 큰 힘이 작용해야 할 테니까요. 앞서 습곡 산지를 이야기할 때 판의 경계에 관한 이야기를 했는데요. 판과 판이 만나는 경계가 있는가 하면, 서로 멀어지는 경계도 있죠. 홍해는 후자의 경우입니다.

홍해는 두 판이 서로 갈라지는 경계에 있어요. 홍해를 만든 땅 갈라짐이 얼마나 강력했는지는 위성사진을 통해 확인할 수 있는데요. 자, 지도를 펴고 이집트 수에즈 운하를 찾아 홍해의 가운데를 지나, 아프리카 킬리만자로산 사이의 갈라진 틈을 연결해 보세요. 더 나아가 빅토리아호를 중심으로 양 갈래로 나뉜 좁고 긴 호수를 따라 탄자니아와 말라위를 거쳐 모잠비크 일대로 내려가 보세요. 어떤가요? 좁고 날카로운 땅 갈라짐이 아프리카 북부에서부터 남부 지역까지 이어지는 느낌이 들지요? 지금 연결한 선이 바로 아프리카 대륙 내부에서 활발히 일어나는 거대한 땅 갈라짐, 즉 동아프리카 지구대의 공간입니다.

동아프리카 지구대는 그야말로 거대한 땅 갈라짐 현상이자, 바다가 아닌 대륙 내부에서 일어나는 강력한 힘이 노출된 공간입니다. 땅이 갈라질 때는 땅 한쪽이 푹 꺼지고, 다른 쪽은 솟아오르는 작용이 함께 일어납니다. 이른바 단층 작용이 일어나는 것이죠. 단층에서 '단斷'은 한자어로 끊어낸다는 뜻이에요. 동아프리카 지구대는 땅이 가라앉고 솟아나는 끊어내는 과정에서 만들어진 단층이 세계적인 규모로 발달한 공간입니다. 홍해는 이 과정에서 아래로 푹 꺼진 땅에 바닷물이 차올라 만들어졌고요. 그래서 좁고 길죠.

이런 과정을 거쳐 형성된 홍해에는 어떤 인간의 이야기가 새겨져 있을까요? 지금부터 좁고 날카롭고 깊은 홍해처럼 날카로

동아프리카 지구대 전경 케냐 나이로비에 가면 왼쪽과 오른쪽 끝의 산 사이로 넓게 발달한 동아프리카 지구대를 관찰할 수 있어요.

운 시선으로 홍해를 분석해 볼 거예요. 홍해를 제대로 이해하면 북부 아프리카와 아라비아반도 일대에 새겨진 다양한 인간의 이야기를 복원할 수 있을지도 모릅니다.

홍해가 가진 지정학적 의미

앞서 이야기했듯 홍해는 판이 서로 멀어지는 과정에서 거대한 땅이 갈라지며 만들어졌어요. 판이 서로 멀어지는 경계는 동아프리카 지구대처럼 대륙 내부에서 나타나기도 하고, 인근의 인도양 중앙해령이나 대서양 중앙해령처럼 바다 한가운데에 나타나기도 해요. 홍해는 아프리카판과 아라비아판의 직접적인 경계로서 땅 갈라짐이 깊고 날카로운 형태를 보입니다. 그래서 좁고 길고 깊지요.

쓸모 있는 지리 수업

　홍해의 길이는 약 2,250km이고, 가장 넓은 지점의 너비는 약 355km입니다. 그리고 평균 수심은 500m 정도지만, 가장 깊은 곳의 수심은 3,040m에 이릅니다. 좁고 깊은 홍해는 땅 갈라짐을 통해 바닷물이 흘러들면서 지금과 같은 형태의 바다가 되었어요. 지리에서는 땅의 생김새가 매우 중요한데요. 어떤 모양인지, 바다와 육지의 비율은 어떤지, 땅이 어느 위도에 걸쳐 있는지, 바람과 산맥의 방향은 어떤지 등이 인간의 삶에 밀접한 영향을 미치기 때문이지요. 그런 면에서 홍해의 형태는 홍해 주변 공간의 성격을 결정하는 기준점 역할을 했습니다. 무슨 뜻이냐고요?

　스마트 지도의 위성사진으로 홍해를 살펴보세요. 좁고 긴 홍해를 따라 양옆으로 좁고 긴 산맥과 언덕이 나란히 발달해 있지요? 마치 홍해를 사이에 두고 거대한 천연 제방을 쌓은 것처럼 말이에요. 홍해 주변의 생김새를 보면 서울을 지나는 한강이 떠오릅니다. 한강을 중심으로 인공 제방처럼 강변북로와 올림픽대로가 놓인 모습이 마치 홍해 주변의 산지 모양을 연상시키니까요. 홍해의 이런 독특한 생김새는 앞서 이야기했듯 땅 갈라짐으로 만들어졌습니다.

　동아프리카 지구대는 먼 미래에 아프리카 대륙을 둘로 나눌 것으로 예상되는 거대한 땅 갈라짐의 살아 있는 현장이에요. 판의 경계에 해당하는 홍해를 따라 이어진 지구대의 한 줄기는 아프리카 대륙을 향하고, 다른 줄기는 인도양을 향해 인도양 중앙 해령으로 발달하는 구조이니까요.

땅 갈라짐 중에서도 지구대는 땅의 한 부분이 연속적으로 푹 꺼지는 현상을 뜻합니다. 푹 꺼진 곳을 중심으로 다른 지역이 상대적으로 높이 솟는 것을 '단층'이라 부르고, 단층 현상이 나타나 푹 꺼진 공간을 '지구'라고 부릅니다. 상대적으로 높이 솟은 주변 지역은 '지루'라 부르고요. 그러니까 동아프리카 지구대는 땅이 푹 꺼진 지역이 연속적으로 나타나는 공간이라는 걸 알 수 있죠. 정리하자면 바다가 된 홍해는 지구의 자리에 해당하고 양옆으로 나란히 선 언덕과 산지는 지루의 자리에 해당합니다.

홍해 일대의 지리 조건에 주목하면 몇 가지 흥미로운 질서가 드러납니다. 우선 세계에서 가장 긴 나일강의 흐름입니다. 나일강은 에티오피아 고원과 빅토리아호 일대에서 발원하여 지중해로 흘러드는데요. 나일강이 어째서 가까이 있는 홍해나 인도양이 아닌 멀고 먼 지중해로 흐르는지는 앞서 언급한 땅의 기복을 보면 쉽게 알 수 있습니다. 나일강이 세계에서 가장 긴 강인 것도 이러한 지리 조건의 영향을 받았기 때문이에요.

홍해가 가진 지경학적 가치

아프리카 대륙과 아라비아 반도 사이의 좁고 긴 홍해는 지경학

     쓸모 있는 지리 수업

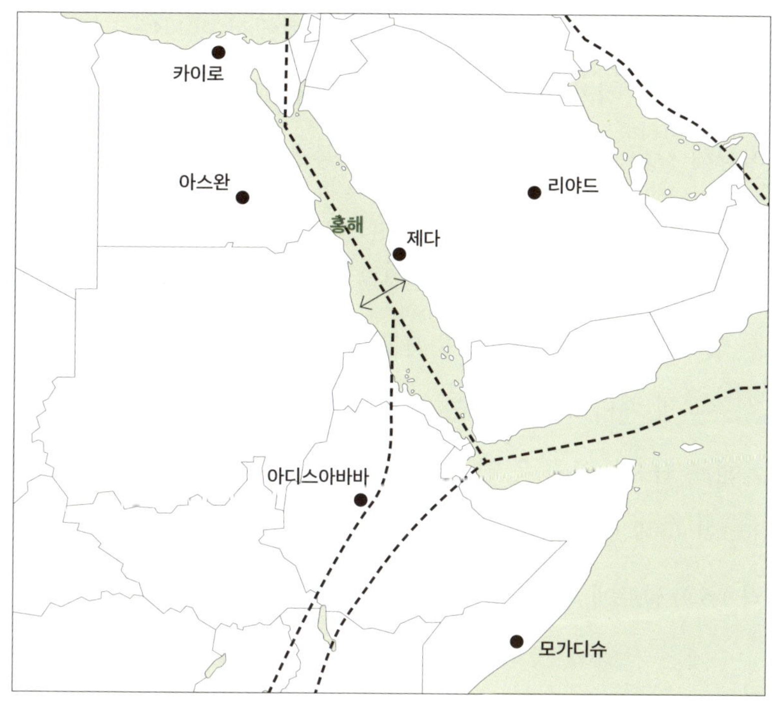

동아프리카 지구대와 홍해의 형성 거대한 지각판이 서로 멀어지는 과정에서 좁고 날카롭게 만들어진 바다가 홍해입니다. 동아프리카 지구대를 따라서는 킬리만자로산, 케냐산과 같은 높은 화산이 발달했어요.

적 가치가 날로 높아지고 있어요. 홍해는 원래 좁은 바브엘만데브 해협을 통해 인도양하고만 연결되었던 바다인데 1869년 지중해와 홍해를 잇는 인공 물길인 수에즈 운하가 건설되면서 지중해와 인도양을 잇는 바다가 되었죠. 길이 약 190km, 폭 약 205m인 수에즈 운하는 대서양과 태평양을 잇는 파나마 운하와 더불어 세계에서 가장 인지도가 높은 인공 뱃길이기도 합니다.

수에즈 운하가 개통되기 이전에는 유럽에서 아시아로 가려면 무조건 아프리카 최남단에 속하는 희망봉을 돌아가야 했어요. 대항해 시대 초창기만 하더라도 희망봉을 따라 아시아로 나아갈 수 있다는 사실도 대단한 일로 받아들여졌죠. 하지만 희망봉 대신 수에즈 운하를 거치면 인도양을 따라 인도까지 빠르게 닿을 수 있어요. 오늘날 수에즈 운하를 소유한 이집트는 선박이 그곳을 통과할 때마다 돈을 받는데요. 2022년 기준, 이집트가 수에즈 운하로 벌어들인 돈은 약 80억 달러, 그러니까 우리 돈으로 11조 800억 원에 달합니다. 이는 이집트가 1년 동안 벌어들이는 돈의 약 1.5퍼센트에 해당하는 큰 금액이죠.

수에즈 운하의 경제적 효과는 실로 막강합니다. 영국 런던을 기준으로 보면 수에즈 운하는 아시아의 주요 도시까지 30~40퍼센트의 거리를 단축하는 효과가 있습니다. 수에즈 운하를 통과하는 화물선은 남아프리카공화국의 케이프타운을 경유하는 화물선보다 이동 거리는 약 10,000km, 시간은 보름 내외로 아낄 수 있습니다. 유럽에서 세계의 공장으로 불리는 아시아에 더욱 빨리 도달할 수 있는 건 분명한 장점이지요. 오늘날 세계 무역량의 약 12퍼센트가 수에즈 운하를 통한다고 하니, 이곳의 지경학적 위치를 실감할 수 있는 대목입니다.

수에즈 운하를 통과한 배는 홍해를 지나 끝자락의 바브엘만데

홍해 일대의 지도 홍해는 인공적으로 만든 이집트 수에즈 운하와 자연적으로 만들어진 바브엘만데브 해협 사이에 있는 좁은 바다예요.

브 해협을 만납니다. 바브엘만데브 해협은 홍해와 인도양을 잇는 좁은 바닷길인데요. 바브엘만데브 해협은 넓게 보면 인도양과 지중해, 좁게 보면 홍해와 아덴만을 이어줍니다. 폭이 채 30km가 되지 않는 바브엘만데브 해협이 수에즈 운하의 개통으로 존재감이 남달라진 것이죠.

바브엘만데브 해협은 세계적으로 수요가 많은 화석 연료인 석유와 천연가스를 통해 그 존재감을 엿볼 수 있습니다. 세계 석유의 절반이 매장된 중동 지역의 석유는 페르시아만에서 나와 바브엘만데브 해협을 지나고, 다시 수에즈 운하를 통해 유럽과 대서양을 건너 북미 지역까지 이동하니까요. 1년에 약 2만 척의 배가 바브엘만데브 해협을 오간다니 그 경제적 가치는 두말하면 잔소리일 테지요.

세계 물류 시스템의 대동맥인 홍해

여러분이 식당이나 카페를 차린다고 상상해 보세요. 누구라도 사람들이 많이 찾는 곳에 가게를 내고 싶을 거예요. 강남역 사거리나 홍대입구역처럼 사람이 무수히 오가는 곳에 가게를 내면 왠지 장사가 잘될 것 같으니까요. 그런 자리를 우리는 흔히 '목이 좋다'고 말하지요. 세계지도에서 보면 바로 홍해가 목이 좋은 곳에 위치합니다. 전 세계 여기저기서 원하는 물건이 빠르고 정확하게 오갈 수 있는 곳에 위치해 있죠.

이렇게 목이 좋은 곳은 서로 차지하기 위한 경쟁이 치열할 수밖에 없어요. 빼앗으려는 자와 빼앗기지 않으려는 자로 분쟁이 일어나기 쉽죠. 그래서 힘이 강한 세력은 언제든 막강한 군사력을 앞세워 좋은 길목을 차지합니다. 이베리아 반도와 모로코가 만나는 지브롤터 해협, 중세 유럽의 에게해와 발트해, 북해 등 목 좋은 곳은 늘 자리싸움이 치열했습니다. 각자의 이해관계가 맞

     쓸모 있는 지리 수업

아 떨어지면 때로는 오늘의 적이 내일의 동지가 되는 경우도 무척이나 많습니다.

목 좋은 홍해는 수에즈 운하의 개통으로 꽃을 피웠는데요. 역설적으로 수에즈 운하가 지정학적 갈등을 키우는 상황이죠. 홍해는 세계 해상 물류의 대동맥이다 보니 자연스럽게 여러 국가의 관심이 끊이지 않습니다. 해양 네트워크의 핵심 바다인 만큼 대가를 치러야 하는 것처럼 보일 정도죠. 이러한 흐름 속에서 바브엘만데브 해협은 글로벌 이슈로 부상한 '공급망 대란'의 준신에 놓였습니다.

오늘날에는 하나의 물건을 만들려면 여러 나라의 상호 협조가 필요합니다. 가령 스마트폰의 경우, 그 안에 들어가는 수많은 부품을 모두 한 나라에서 만들어 조립하지는 않습니다. 어떤 나라에서는 배터리, 또 어떤 나라에서는 반도체를 만드는 식으로 각자 잘하는 분야를 맡아 그 제품만 생산하는 체제가 정착되었다는 뜻입니다. 그래서 한 물건을 만드는 데 필요한 각종 부품과 재료는 필연적으로 운반 과정을 거쳐야 합니다. 그리고 완성된 스마트폰이 다시 전 세계 소비자에게 운반되어야 하죠. 이와 같은 운송 시스템이 바로 공급망입니다. 해상 물류 시스템의 대동맥인 홍해가 남다른 주목을 받는 까닭을 알겠지요?

수에즈 운하를 통과하는 선박 좁은 운하 사이로 수많은 무역선이 오가고 있어요. 오늘날 세계 무역량의 12퍼센트 정도가 수에즈 운하를 지나고 있어요.

홍해의 지리적 장점이 낳은 지정학적 갈등

최근 홍해를 둘러싼 지정학적 갈등이 심화한 곳은 바브엘만데브 해협입니다. 1970년대까지 북미와 유럽을 오가는 대서양 공급망이 활발했지만, 21세기는 누가 뭐래도 아시아가 공급망의 중심이죠. 이러한 변화 속에서 바브엘만데브 해협은 수에즈 운하를 통과한 배가 아시아로, 아시아에서 출발한 배가 유럽으로 오가는 길목입니다. 바로 이 길목에 있는 국가 간에, 또는 국가 내에서 분쟁이나 전쟁이 발생한다면 어떻게 될까요?

2025년 현재 우려는 현실로 진행 중입니다. 바브엘만데브 해협을 둘러싼 나라는 지리적으로 지부티, 에리트레아, 예멘, 소말

리아인데요. 이들 중 지정학적 위험을 높이는 나라는 예멘입니다. 아라비아반도 끄트머리에 있는 예멘은 홍해의 끝자락인 바브엘만데브 해협과 그곳을 통과하여 만나는 아덴만을 끼고 있는 이슬람 국가입니다. 예멘은 본디 우리나라처럼 분단국이었지만, 1990년 북예멘과 남예멘이 통일을 이루었어요.

통일이라는 국가 대업은 이루었지만, 이슬람교의 종파 간 갈등이 심화하면서 예멘은 내전을 겪고 있습니다. 예멘 내전은 정부를 이끄는 다수파인 수니파에 맞서 후티라는 인물을 중심으로

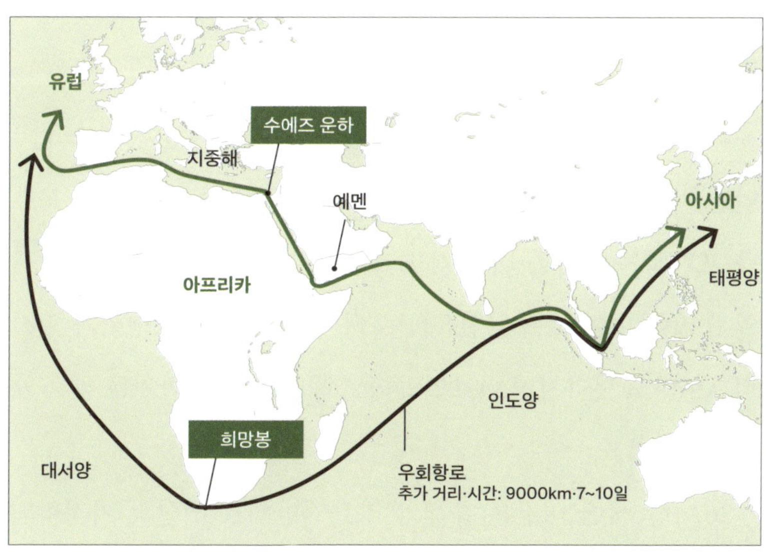

수에즈 운하와 우회 항로 수에즈 운하를 이용하면 시간을 크게 단축할 수 있을 뿐 아니라 연료도 절약할 수 있어요. 예멘 내전, 해적 활동, 수에즈 운하 폐쇄 등 불안한 중동 정세는 우회 항로가 자주 활용되는 불안 요소로 작용하고 있습니다.

결성된 시아파 세력인 반군이 맞붙으면서 시작되었습니다. 이슬람교 내의 수니파와 시아파는 창시자 무함마드를 어떻게 계승해왔는지 따지는 과정에서 나뉜 종파인데요. 우리가 진짜 이슬람교라고, 그러니까 우리가 무함마드의 적통을 잇는 종파라고 우기다 보니 어느 쪽이든 쉽게 양보하기 힘든 대립 구도가 오래전부터 이어져오고 있는 상황이죠.

예멘 내전은 단순히 국가 내 분쟁이라는 차원을 넘습니다. 표면상으로는 두 종파 간 싸움이지만, 더 넓게 보면 바브엘만데브 해협을 둘러싼 여러 나라의 이권이 맞물린 민감한 분쟁이지요. 이는 자칫 내전이 국제전으로 번질 수 있을 정도로 바브엘만데브 해협의 지정학적 위치가 민감하다는 뜻입니다.

바브엘만데브 해협 분쟁이 심화하면서 세계적인 컨테이너 기업인 머스크, 석유 기업 BP, 자동차 기업 테슬라 등은 홍해 루트를 포기하는 결단을 내린 적도 있습니다. 하지만 이는 궁여지책일 수밖에 없어요. 무역선을 나포하거나 무력 도발 행위가 일시적으로라도 사라지면 바브엘만데브 해협은 다시 활기를 찾을 게 분명하니까요.

2024년 예멘 내전은 홍해와 바브엘만데브 해협의 지정학적 위험을 키우는 또 다른 변수를 낳았습니다. 예멘 후티 반군이 무역선을 넘어 홍해 밑으로 매설된 해저 케이블을 파괴하겠다고

홍해 일대 해저 케이블 중동 홍해 해저 케이블에는 매일 10조 달러의 금융 거래가 전산으로 오가는 것으로 알려져 있어요. 2024년 3월 후티 반군의 공격으로 침몰한 영국 상선 때문에, 혹은 후티 반군의 고의적 공격으로 일대 통신이 마비된 적이 있어요. 이처럼 홍해는 세계 물동량은 물론 데이터 이동에도 매우 중요한 지정학 및 지경학적 요충지입니다.

언급하면서부터 불거진 위험이었죠. 해저 케이블은 세계가 실시간으로 소통할 수 있는 핵심 기반 시설이에요. 세계 해저 케이블 지도를 보면 세계 곳곳의 바다와 지리적 요충지를 얼마나 많은 해저 케이블이 지나는지 확인할 수 있습니다. 이는 예나 지금이나 목 좋은 자리는 치열한 자리다툼과 전략적인 견제가 끊이지 않는다는 걸 보여주는 좋은 사례이지요.

판의 경계에는 두 판이 서로 멀어지는 유형이 있는데, 가장 대표적인 곳이 동아프리카 지구대입니다. 홍해는 동아프리카 지구대의 영향으로 땅이 푹 꺼진 공간에 바닷물이 들어와 만들어진 좁고 긴 바다입니다.

- 판의 경계: 지구의 표면을 구성하는 판들이 부딪치거나 멀어지는 곳으로 지진이나 화산 활동이 자주 일어남.
- 지구대: 양쪽에서 잡아당기는 힘이 발생하여 판이 갈라지고, 그 사이는 내려앉은 지형.
- 동아프리카 지구대: 아프리카 동부에서 판이 갈라지고 있는 지형.

더 읽어보기 — 같은 듯 다른 홍해와 페르시아만

중동은 세계에서 석유 매장량이 가장 많은 지역이에요. 일반적으로 중동이라 하면 이집트와 인도 사이의 여러 나라를 아우르는 지역을 뜻하는데요. 이들 지역의 핵심 공간은 페르시아만입니다. 페르시아만 일대에서 생산되는 막대한 양의 석유와 천연가스는 석유 제국을 떠받치는 든든한 언덕입니다.

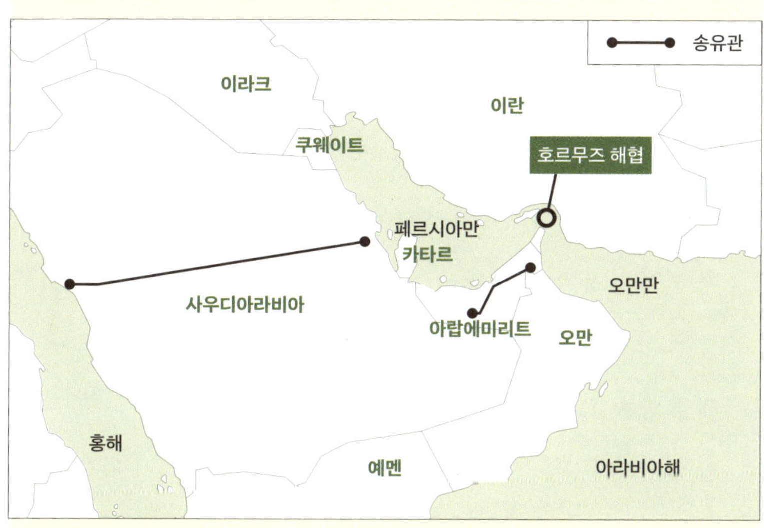

호르무즈 해협 우회 송유관 페르시아만 호르무즈 해협이 봉쇄될 것을 대비해 이를 우회하는 송유관이 자주 건설되고 있어요.

페르시아만 일대에는 이른바 석유 국가로 불리는 나라가 즐비해요. 세계에서 석유를 가장 많이 생산하는 사우디아라비아를 시작으로 아랍에미리트, 쿠웨이트, 이라크, 이란, 카타르 등 석유와 천연가스 생산과 매장에서 둘째가라면 서러워할 나라가 모두 페르시아만을 끼고 있습니다.

여기서 궁금증이 하나 생깁니다. 페르시아만 일대에는 왜 석유가 많이 나는 걸까요? 페르시아만에 석유와 천연가스가 풍부한 이유는 이곳이 두 화석연료가 잘 만들어지는 환경 조건을 갖추었기 때문이에요. 석유와 천연가스가 잘 만들어지는 곳은 과거 호수였을 가능성이 높습니다. 층층이 쌓인 생물 사체 등 유기물이 잘 쌓인 공간에서 석유와 천연가스가 잘 만들어지거든요.

아주 오래된 이야기지만, 오늘날 지중해 일대는 지금의 지중해 면적을 훌쩍 넘는 테티스해라는 거대한 내륙의 바다가 있었어요. 이때 쌓였던 유기물이 오늘날 지표 가까이에 절묘하게 모습을 드러낸 공간이 바로 페르시아만 일대입니다. 그다지 깊지 않은 땅속에 석유와 천연가스가 밀집해 있기 때문에 석유 발견도 빨랐고 생산 역시 기하급수적으로 늘었지요.

이는 거대한 땅 갈라짐을 통해 바다가 된 홍해와는 결이 다른 공간입니다. 홍해와 페르시아만은 비슷한 위도에 있는 바다지만, 이처럼 지리적 조건에 따라 쓰임과 이곳에 사는 인간들의 생활 방식은 얼마든지 달라질 수 있습니다.

지경학적 가치가 월등한 페르시아만 일대는 홍해와 비슷하게 지정학적 갈등을 겪고 있습니다. 페르시아만에서 오만만을 거쳐 인도양으로 가려면 반드시 호르무즈 해협을 통과해야 하는데요. 호르무즈 해협은 오만과 이란 그리고 아랍에미리트가 얼굴을 맞댄 좁은 바다죠. 바브엘만데브 해협처럼 이곳에서 분쟁이 일어나면 석유와 천연가스 수송에 큰 차질이 생깁니다. 페르시아만이 세계 석유 유통에 워낙 큰 지분을 갖고 있는 터라, 세계적으로도 늘 관심을 두는 지역이지요.

홍해와 페르시아만, 바브엘만데브 해협과 호르무즈 해협은 세계 물류 이동 측면에서, 그리고 석유를 둘러싼 경제학적 관점에서 남다른 지정학 및 지경학적 가치를 지닌 공간입니다. 사우디아라비아는 페르시아만에서 일어날 만일의 사태에 대비해 홍해까지 파이프라인을 연결해 수출 루트를 다양화하려는 노력도 마다하지 않았습니다. 하지만 두 바다에서 지정학적 갈등이 폭발한다면 이러한 노력도 물거품이 될 수 있겠죠.

더 생각해 보기 — 지구대와 기후의 관계

동아프리카 지구대는 아프리카 대륙 동쪽을 바리케이드처럼 막고 있어서 인도양에서 들어오는 비구름을 막고, 적도에서 들어오는 습한 공기를 막습니다. 동아프리카 지구대의 골짜기 안이 상대적으로 건조한 이유입니다. 이처럼 지형 조건은 인간의 삶에 큰 영향을 미치는 기후에 다양한 변화를 유도한답니다.

어디로 떠나볼까요?

태평양
대서양
인도양

- 3부 -

아메리카와 오세아니아:
육지에서 만나는
지리의 비밀

9장

호수(오대호)

얼음이 녹아 생긴
거대한 물의 왕국은 어디일까?

호수는 땅으로 둘러싸인 공간에 물이 고여 만들어집니다. 호수는 바다와 달리 소금기가 없는 민물이에요. 세계에는 흥미로운 호수가 제법 많은데요. 호수에 관한 몇 가지 퀴즈를 내볼게요.

첫 번째 퀴즈! 세계에서 가장 면적이 넓은 호수는 어디일까요? 정답은 카스피해입니다. 카스피해는 엄연히 바다와 단절된 내륙의 호수이지만, 막대한 석유나 천연가스와 같은 화석에너지가 발견되면서 주변국 간에 분쟁을 일으킨 곳이기도 해요. 바다로 보느냐 호수로 보느냐에 따라 주변국이 차지할 호수 면적이 변하는 것도 갈등의 실마리가 되었죠. 흥미롭게도 카스피해는 여느 내륙의 호수처럼 완벽한 민물은 아닙니다. 바닷물보다 약 3분의 1 정도 묽은 짠물이어서 호수인지 바다인지에 대한 논쟁이 매우 치열해졌죠. 하지만 오랜 갈등 끝에 2018년에야 카스피해의 법적 상태에 관한 협정이 극적으로 이루어졌어요. 이름을 바다로 하되, 그 안의 규약은 각자 이익을 위한 합의에 따른다는 약간 애매한 협정이었지요. 이런 내용으로 여전히 갈등의 싹은 남겨놓았지만, 그나마 서로의 이익을 위해 한 발씩 물러서서 최소한의 합의에 이른 결과라는 점에서 긍정적입니다.

두 번째 퀴즈! 배를 띄울 수 있는 세계에서 가장 높은 곳에 있는 호수는 어디일까요? 정답은 해발 약 3,800m에 있는 티티카카호입니다. 티티카카호는 남아메리카 대륙 볼리비아와 페루의 국경에 걸쳐 있어요. 티티카카호는 매우 높은 곳에 있으면서도 남아메리카 대륙에서 가장 넓은 면적을 자랑하죠. 티티카카호의 별명은 '내륙의 바다'입니다. 배를 타고 오랜 시간을 운항할 수 있어서 바다와 같은 느낌을 주거든요. 티티카카호의 막대한 양의 물은 주변 안데스 산맥 곳곳에서 흘러들어 만들어진답니다.

세 번째 퀴즈! 세계에서 가장 수심이 깊은 호수는 어디일까요? 정답은 러시아의 바이칼호입니다. 바이칼호의 최대 수심은 1,700m 내외예요. 혹한의 땅 시베리아의 깊숙한 공간에 있는 바이칼호는 인간의 활동 영역에서 멀리 있는 떨어져 있는 덕분에 여전히 맑고 투명하답니다. '세계의 민물 창고'로 불리는데, 수심

우주에서 바라본 오대호 오대호는 북아메리카 북동부, 미국과 캐나다 국경에 있는 다섯 개의 큰 호수를 뜻해요. 오대호는 카스피해에 견줄 정도로 넓은 호수랍니다.

이 깊은 만큼 면적에 비해 많은 양의 물을 저장할 수 있기 때문에 붙여진 이름이지요. 지구상에 있는 민물의 약 20퍼센트가 이곳 바이칼호에 있다고 하네요.

자, 이제 네 번째 마지막 퀴즈! 세계에서 두 번째로 면적이 넓은 호수는 어디일까요? 정답은 북아메리카 대륙의 슈피리어호입니다. 카스피해는 짠물이지만 슈피리어호는 민물 호수예요. 앞서 언급한 티티카카호처럼 미국과 캐나다 국경이 호수의 절반을 가로지릅니다. 세계에서 세 번째와 네 번째로 넓은 호수도 알아볼까요? 바로 빅토리아호와 휴런호인데요. 이 세 호수는 좁은 물길을 따라 자연적으로 이어져 있어서 하나의 호수처럼 여기기

　　　　　　　　　　　　　　　　　　쓸모 있는 지리 수업

도 합니다.

앞서 언급한 슈피리어호, 이리호, 휴런호, 미시간호, 그리고 온타리오호를 한데 모아 오대호라고 불러요. 다섯 개의 호수가 이어져 있어서 오대호라 부르죠. 카스피해에 견줄 정도로 넓은 오대호. 이 다섯 개의 호수는 대체 어떻게 만들어졌을까요? 그리고 그 속에는 어떤 재미있는 인간의 역사가 새겨져 있을까요? 그 비밀의 시간 속으로 한번 들어가보겠습니다.

얼음이 녹은 자리에 탄생한 오대호

넓고 웅장한 다섯 호수가 아슬아슬하게 연결된 오대호의 모습은 매우 색다릅니다. 여느 지역에서 쉽게 볼 수 없는 산과 강과 땅의 모양, 그리고 산지 배열은 그 지역이 무언가 독특한 형성 과정을 통해 만들어졌음을 뜻하지요. 오대호도 그렇습니다. 아슬아슬하지만 연속적으로 이어진 오대호의 형성 과정을 이해하려면 시간을 뒤로 돌려 마지막 빙기 시절로 돌아가야 합니다.

마지막 빙기의 위력이 절정이던 약 1만 8000년 전에 지금의 오대호는 빙상으로 덮여 있었어요. 그 빙상의 이름은 로런타이드Laurentide. 빙상은 매우 넓은 면적을 덮은 얼음 지대를 뜻하는데요. 로런타이드 빙상은 오늘날 캐나다와 그린란드 일대를 덮을 정도로 광활하고 두꺼웠어요. 지금의 오대호와 뉴욕시 일대는

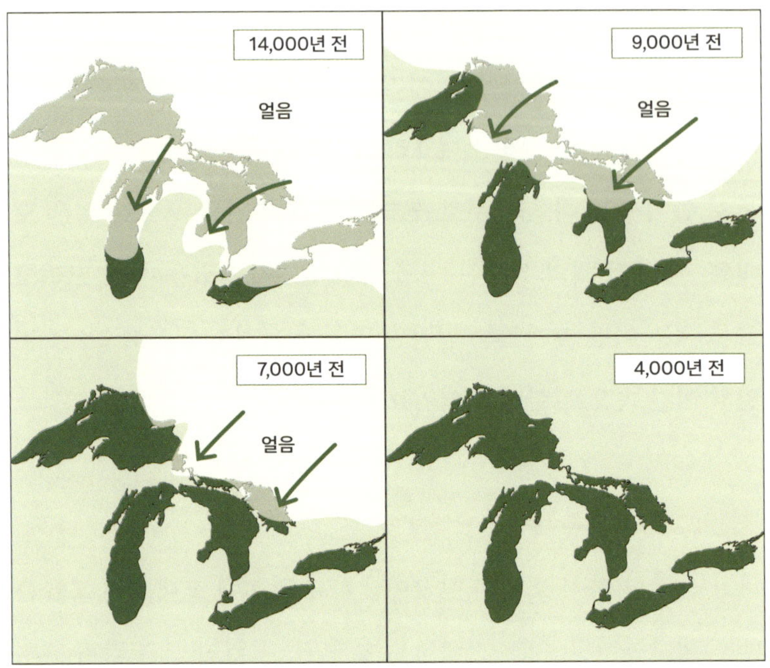

오대호의 형성 과정 모식도 오대호는 강력한 대륙 빙하가 점차 따뜻해지는 과정에서 후퇴하며 만들어진 거대한 담수호(염분 함유량이 1L 중 500mg 이하인 호수)예요.

로런타이드 빙상이 최대로 성장했을 때의 경계 부분에 해당하죠. 이렇듯 거대한 빙상은 수백 미터의 두께로 대륙을 지배하는 절대 권력자 같은 모습이었습니다.

빙상이 온 대륙을 점령하던 끝나지 않을 것 같던 시기가 지나고 지구는 점점 따뜻해졌어요. 지구 대기의 평균 기온이 오르고 따뜻한 바닷물도 지구 전역으로 잘 순환하는 후빙기 시대가 도래한 것이죠. 후빙기에 접어들면서 로런타이드 빙상은 더욱 빠

쓸모 있는 지리 수업

른 속도로 몸집을 줄여갔습니다. 바로 그 과정에서 오대호가 만들어졌지요. 거대한 빙하가 몸집을 줄이는 과정에서 얼음이 녹은 자리에 물이 채워진 것이 지금의 오대호입니다.

거대한 빙상이 사라지는 일은 단순히 얼음이 녹는 것 이상으로 땅에 큰 변화를 일으켜요. 생각해 보세요. 엄청난 무게와 힘으로 짓누르던 얼음이 사라졌으니 땅은 몸을 위로 살짝 높일 수 있었겠죠? 나아가 오대호 일대를 덮고 있던 얼음이 모두 같은 크기에 같은 무게가 아니었을 테니, 서로 다른 속도와 높이로 땅이

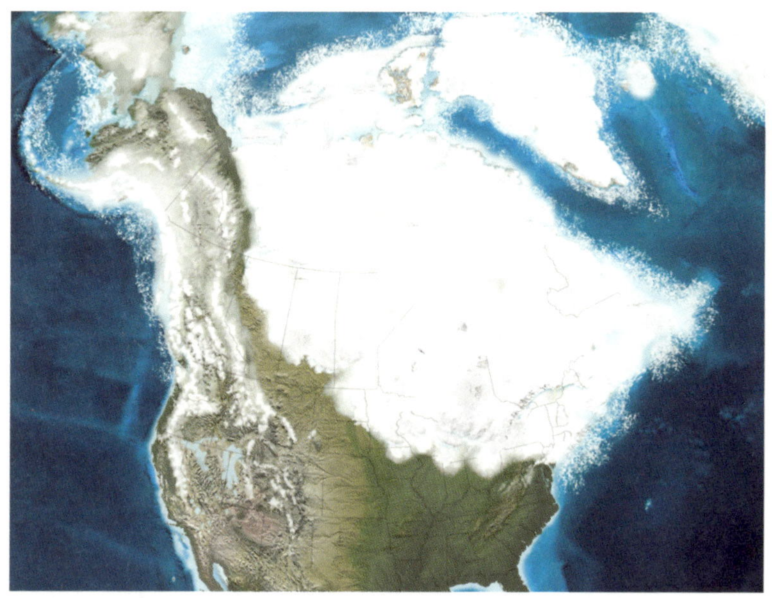

북미 지역 빙하의 최대 번성기 면적 약 1만 8000년 전, 빙하 빙상이 지금의 펜실베이니아를 따라 남쪽으로 이어져 있는 모습이에요.

열 지어 발달한 빙하호 북서-남동 방향으로 열 지어 발달한 빙하호의 패턴은 거대한 빙하가 성장했던 범위를 간접적으로 보여줍니다.

움직였을 거예요. 그 과정에서 다양한 방향으로 땅이 갈라지거나 높이 차가 발생했을 것이고, 그 결과 다섯 호수는 아슬아슬하게 좁은 물길로 서로 연결될 수 있었죠. 이미 오래전에 사라지고 없는 거대한 빙상이 오대호의 독특한 형상과 배열에 관여한다는 사실이 흥미롭지 않나요?

그렇다면 로런타이드 빙상의 끄트머리였던 공간에도 오대호와 비슷한 호수가 발달했을까요? 스마트 지도로 북아메리카 대륙의 위성지도를 살펴보세요. 과거 로런타이드 빙상의 최대 범위 지도를 위성사진에 겹쳐보면 호수의 흥미로운 분포 양상을 확인할 수 있어요. 오대호를 따라 북서 방향으로 활처럼 휜 모양

　　　　　　　　　　　　　　　　쓸모 있는 지리 수업

으로 우즈호, 위니펙호, 레인디어호, 애서베스카호, 그레이트슬레이브호, 그레이트베어호 등이 줄지어 발달해 있거든요. 이들 호수를 제외하고도 셀 수 없을 정도로 많고 작은 호수 군락은 모두 빙하가 후퇴하는 과정에서 만들어졌답니다.

오대호를 남다르게 만든 위도 조건

앞서 이야기했듯 커다란 몸집의 얼음이 도망치듯 후퇴하면서 깎은 거대한 분지가 바로 오대호의 밑그림을 그렸습니다. 그런데 왜 위니펙호, 그레이트슬레이브호, 그레이트베어호 등 엄청난 크기를 자랑하는 다른 호수는 오대호처럼 유명하지 않을까요?

우리나라는 전국 어디를 가더라도 극적인 환경 변화를 경험하기 어렵습니다. 지역에 따라 조금씩 기후와 땅의 조건이 다르지만, 분단 이후 위도 33도에서 38도선을 넘나드는 좁은 공간에서 살기 때문이죠. 하지만 국토 면적이 넓은 나라는 사정이 다릅니다. 남북으로 긴 칠레는 적도에서부터 극지방에 준하는 위도까지 국토가 펼쳐져 있고, 동서로 긴 러시아는 유럽에서부터 아시아 끝까지 걸쳐 있어 한 나라에서 굉장히 다양한 변화를 볼 수 있습니다.

세계에서 세 번째로 면적이 넓은 미국도 마찬가지예요. 남북으로 넓은 위도에 걸쳐 있기 때문에 다양한 기후 조건이 나타나죠. 더욱이 과거 소련에서 알래스카를 산 덕에 북극해 연안의 극지방에도 영토를 가지고 있어요. 여기에 미국과 캐나다의 차이가 있습니다. 캐나다는 미국보다 넓은 영토를 가지고 있지만, 인간이 살 만한 곳은 미국보다 훨씬 제한적이거든요.

캐나다와 미국이 맞댄 국경은 나라와 나라 사이의 경계로는 세계에서 가장 길어요. 약 9,000km가 넘는 국경선 길이는 지구 지름과 맞먹죠. 극지방에 가까운 알래스카와의 국경을 제외한 미국과 캐나다의 국경은 태평양에서 대서양을 향해 북위 49도선을 기준으로 나뉩니다. 마치 자로 대고 그은 것처럼 그려진 국경선은 오대호를 지나 대서양까지 이어지죠. 미국과 캐나다의 국경에서 흥미로운 대목은 국경선이 오대호에서부터 북위 40도까지 남쪽으로 내려간다는 점이에요.

북위 40도는 한반도의 개마고원쯤에 해당하는 위도로, 오대호 일대가 꽤 추운 지역임을 알 수 있습니다. 이 점에서 오대호의 위치는 절묘합니다. 오대호는 캐나다로 보면 국토에서 가장 위도가 낮은 지역에 속하고, 미국으로 보면 본토에서 가장 위도가 높아요. 오대호를 지나는 국경선을 따라 미국과 캐나다의 주요 도시가 집중한 까닭이 여기에 있습니다. 밴쿠버를 시작으로 캘거리, 위니펙을 지나 오대호 연안의 토론토와 몬트리올 등 주요 대도시는 모두 국경선과 가까이 붙어 있어요. 특히 오타와는 캐나

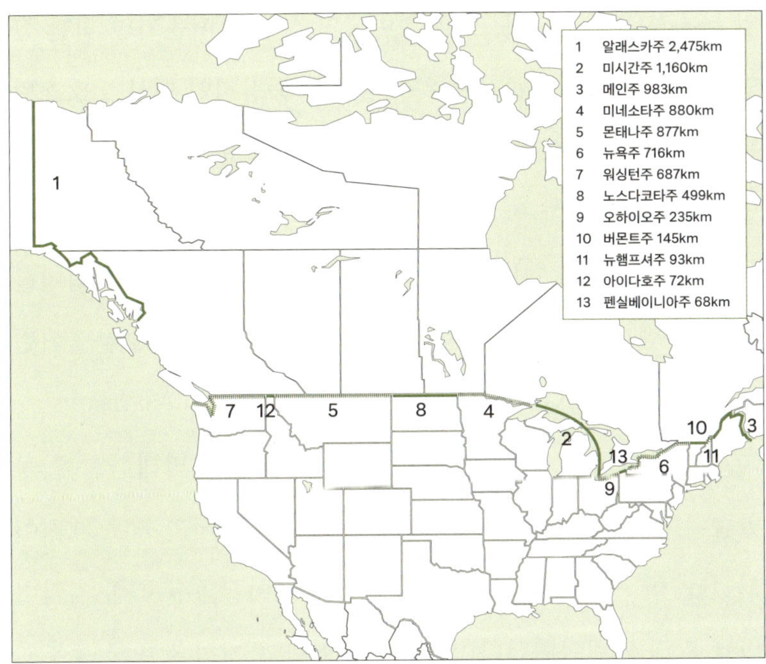

미국을 기준으로 본 캐나다와의 국경선 국경선이 가장 긴 알래스카주를 시작으로 가장 짧은 펜실베이니아주까지 미국과 캐나다 사이의 국경선은 전 세계에서 가장 깁니다.

다의 수도이고, 토론토와 몬트리올은 최대 도시죠. 오대호의 전체적인 형태가 북서-남동 방향으로 충분히 기울어져 영토의 위도를 충분히 낮춘 덕에, 캐나다는 인간이 거주할 수 있는 온화한 기후 지역을 확보할 수 있었습니다.

미국 산업의 기초를 놓은 오대호 연안

오대호는 캐나다 주요 대도시의 입지를 도운 것처럼 미국의 산업 부흥도 도왔습니다. 21세기 미국의 산업을 떠올리면 첨단 산업 중심지인 실리콘밸리와 우주 산업의 중심지인 텍사스 오스틴 등이 떠오르는데요. 특히 애플, 구글, 테슬라 등 세계적인 기업이 밀집한 캘리포니아주 실리콘밸리는 미국의 첨단 산업을 대표하는 심장 지역이죠. 하지만 미국이 21세기 초강대국으로 입지를 다질 수 있도록 주춧돌을 놓은 건 아무래도 20세기에 불꽃처럼 피어난 제조업입니다.

20세기 미국은 철강, 자동차 등 제조업을 통해 막대한 부를 쌓았습니다. 이때 쌓은 부가 오늘날 경제 대국 미국의 기초 체력이 되었죠. 이 시절 미국 제조업의 부흥기를 이끌었던 핵심 지역이 바로 오대호 연안입니다. 오대호 연안 공업 지역은 미국 동부의 애팔래치아 산맥과 오대호 사이 지역에 발달한 중공업 지대입니다. 20세기 산업의 쌀이라 불렸던 철강, 그것을 바탕으로 만드는 자동차, 배, 기차 등은 중공업을 대표하는 제품입니다.

미국의 오대호 연안은 앞서 언급한 중공업 제품을 20세기 초중반까지 세계 어느 나라보다 잘 만들었어요. 어떻게 보면 제2차 세계대전에서 미국이 막대한 양의 군수 물자를 조달한 것도 이러한 중공업이 바탕이 되었기에 가능한 일이었죠. 오대호 연안 지역이 중공업의 메카가 된 것은 오롯이 지리적 조건 덕분입니다. 지금부터 하나씩 살펴볼게요.

쓸모 있는 지리 수업

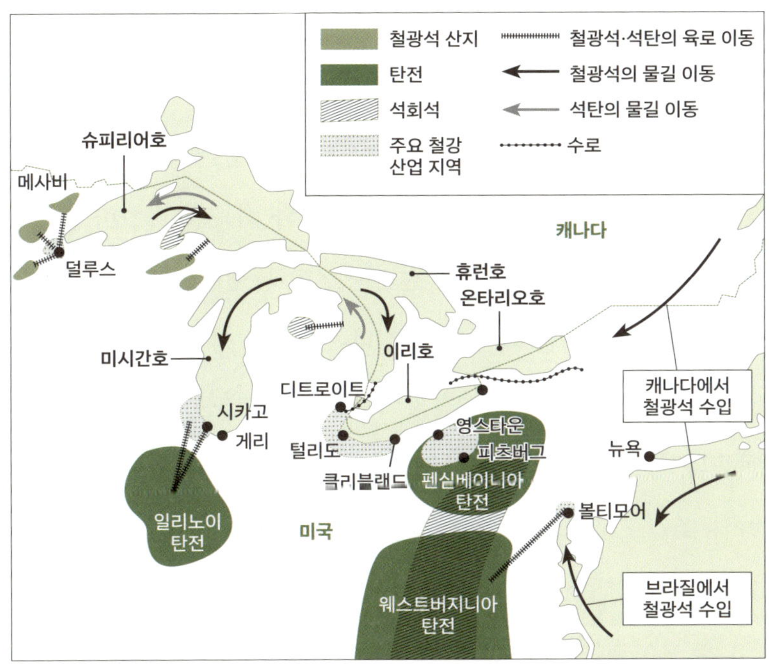

오대호 연안 공업 지역 오대호 연안 지역은 풍부한 지하자원과 편리한 수상교통, 넓은 소비 시장과 풍부한 노동력을 바탕으로 미국의 산업화를 이끌었어요.

중공업이 탁월하게 발달하려면 우선 철강을 만드는 주재료인 철광석이 있어야 합니다. 철광석을 녹일 강력한 석탄이 있으면 좋고, 철강으로 자동차나 배 등을 만들 공장도 있어야 합니다. 무엇보다 무거운 제품을 전국 각지에 운송할 수 있는 시스템이 뒷받침되어야 해요. 특히 미국의 거대 도시가 열 지어 발달한 대서양 연안으로 이들 제품을 운반할 수 있어야 하죠. 무겁고 부피가 큰 제품이니 아무래도 배를 이용해 나르는 게 가장 좋습니다. 그런 면에서 배가 드나들 수 있으면 금상첨화겠죠. 놀라운 건 오대호 연안은 이런 조건을 하나도 빠짐없이 충족한다는 겁니다.

철광석은 오대호 연안의 메사비 일대에서 가져왔고, 석탄은 동부 지역의 애팔래치아 산맥에서 가져와 내륙의 피츠버그에서 생산했습니다. 당시 세기의 철강왕으로 통했던 앤드루 카네기 Andrew Carnegie 가 세운 대학이 바로 피츠버그의 카네기멜론 대학교입니다. 각지에서 가져온 철광석과 석탄은 제철소를 돌리는 데 이용되었고, 철로는 자동차와 배 등을 만들었습니다. 이러한 지리적 조건으로 남다르게 성장한 도시가 바로 이리호와 휴런호 사이에 있는 디트로이트입니다.

디트로이트는 미국 굴지의 자동차 회사인 포드와 제너럴모터스가 태동한 도시로, 자동차에 들어가는 수만 개의 부품을 직접 제조하여 완제품을 만들었어요. 그야말로 자동차를 위해 특화된 도시였죠. 미시간호에 기댄 시카고도 자동차를 포함한 다양한 기계 설비를 갖춰 공업도시로서 강한 존재감을 뽐냈습니다.

디트로이트와 시카고에서 만든 다양한 물품은 배를 이용해 오대호를 거쳐 대서양으로 나갔습니다. 오대호는 모든 호수가 하나의 물길로 통하고, 오대호를 벗어나 캐나다와의 국경을 이루는 세인트로런스강은 대서양으로 나아가는 충실한 길목 역할을 해주었습니다. 대서양으로 나간 배는 미국 동부 연안의 대도시와 바다 건너 유럽으로도 갈 수 있었죠. 시카고와 디트로이트는 내륙 깊숙한 곳에 있지만, 오대호를 통해 바다와 소통할 수 있었던 셈입니다. 20세기 제조업 공룡 국가인 미국은 이러한 지리적 조건을 통해 지금과 같은 세계 초강대국으로 성장한 것입니다.

오대호 연안에 드리워진 그림자와 새로운 빛

오대호를 중심으로 펼쳐진 강력한 제조업은 성장의 높이만큼 그늘이 깊었습니다 19세기 후반 제조업 강국이었던 영구을 밀어내고 신흥 강국이 된 미국은, 역시나 후발 주자인 독일, 일본 등 신흥 제조업 강국에 추격당하고 말았죠. 당시 독일과 일본은 전쟁 이후 국가 재건 과정에서 제조업에 사활을 걸었고, 이를 통해 강대국으로 성장했습니다. 미국의 제조업이 쇠락하면서 오대호 연안의 주요 공업도시 또한 쇠락하고 말았습니다. 이곳을 '녹슨 지역'이라는 뜻에서 러스트 벨트 Rust Belt 라고 부르는 이유입니다.

러스트 벨트 중에서도 주목할 도시는 미국 자동차 공업의 메카로 불렸던 디트로이트입니다. 디트로이트는 세계 최대의 자동차 공업 도시라는 타이틀을 가질 정도로 화려한 도시였어요. 하지만 앞서 이야기했듯 더 저렴한 비용으로 더 연비가 좋은 차를 만드는 후발 국가가 성장함으로써 20세기 중반부터 디트로이트의 빛은 희미해지기 시작했습니다.

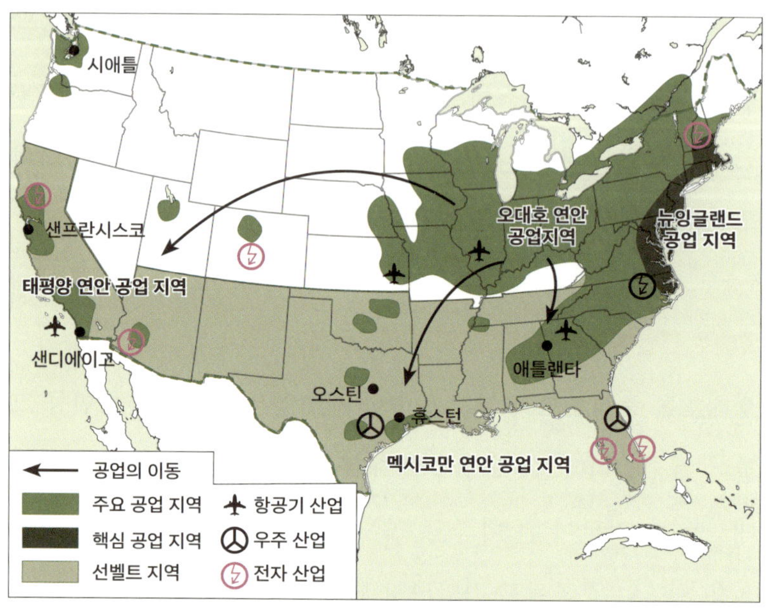

미국 공업 지역의 이동 캘리포니아, 애리조나, 텍사스 등 북위 37도 이남 지역은 기후가 온화하고 정부의 정책 지원이 활발하여 최근 들어 공업이 성장하고 있습니다.

디트로이트는 오롯이 자동차 하나만을 위한 도시였기에 세상의 변화에 유연하게 대처하지 못한 점도 있습니다. 도시의 혈류와도 같은 사람들이 하나둘 떠나면서 도시는 더 빨리 추락했죠. 사람이 없어서 돈이 돌지 않았고, 돈이 없으니 도시 재정은 파탄에 이르렀습니다. 급기야 디트로이트는 2013년에 미국 역사상 처음으로 도시 파산을 선언하고 말았어요. 화려한 도시의 빛은 빈곤과 범죄 등 각종 도시 문제가 들끓는 어둠으로 바뀌었습니다.

디트로이트의 몰락은 사실 어느 정도 예견되었다는 분석도 있습니다. 시카고는 디트로이트와는 달리 자동차 공업이 성장할 때도 자동차 산업 하나만을 위해 내달리지 않았거든요. 시카고는 자동차를 중심으로 성장하되, 이 산업이 잘못될 경우를 늘 대비했어요. 하지만 디트로이트는 그러지 않았죠. 자동차 유일의 성장 모델을 채택하다 보니 미래의 변화에 대응하는 힘이 부족할 수밖에 없었습니다. 다양한 종이 존재하는 생태계가 건강하듯, 산업 생태계 또한 다양성을 통해 회복 탄력성을 가져야 오래 유지될 수 있습니다.

끝나지 않을 것 같은 어두운 터널을 통과하던 디트로이트는 21세기 첨단 산업이 발전하면서 명예 회복의 기회를 맞았습니

버려진 제철소 펜실베이니아 베들레헴의 리하이강을 따라 들어선 제철소가 옛 영광의 흔적을 간직한 채 버려져 있습니다.

피츠버그 도심부 전경 골든 트라이앵글로 알려진 피츠버그 시내의 모습은, 과거 쇠락하던 공업을 뒤로하고 첨단 산업과 신재생에너지로 탈바꿈하여 도시 재생에 성공했음을 보여주고 있어요.

다. 다름 아닌 전기 자동차 산업으로 말이죠. 자동차 산업으로 흥망성쇠를 경험한 디트로이트가 첨단 자동차 산업으로 다시 일어서고 있다는 점이 참 흥미롭습니다. 파산한 디트로이트를 살리기 위해 정부는 해외에 이전했던 기업을 불러들이는 리쇼어링 Reshoring 정책을 펴고, 기업에 통 큰 세금 혜택을 줬습니다. 첨단 기업이 좋아하는 기업 친화적 도시로 만들려는 다양한 노력이 뒷받침되면서 디트로이트는 서서히 성장의 날개를 펴는 중입니다.

러스트 벨트의 또 다른 도시 피츠버그도 변화를 맞고 있습니다. 수많은 제철소와 공장이 밀집했던 피츠버그는 디트로이트와 마찬가지로 후발 공업국의 성장으로 쇠락의 길을 걸었지만, 제4차 산업혁명이라 불리는 첨단 정보 산업의 발달로 다시 한번 부활의 기회를 맞았습니다. 철강왕 카네기가 설립한 카네기멜론

쓸모 있는 지리 수업

대학교는 인공지능과 로봇공학, 컴퓨터 사이언스 분야에서 세계적인 경쟁력을 지니고 있습니다. 피츠버그에 애플, 구글, 인텔 등 수많은 글로벌 첨단 기업이 지사를 세워 연구 중심 도시로 만들려는 노력은 피츠버그의 체질 개선에 충실한 역할을 하고 있죠.

새옹지마塞翁之馬라는 사자성어를 알고 있나요? 이 도시의 변화를 보니 떠오르는 사자성어입니다. 최근 러스트 벨트의 주요 도시였던 피츠버그가 '브레인 벨트Brain Belt'로 불린다니, 역시나 좋고 나쁨, 흥하고 망하고는 예측하기 어려운 일인 것 같네요.

이야기 두 줄 요약

세계에서 손꼽히는 크기의 민물 호수인 오대호는 과거 거대한 빙하가 녹아내리면서 만들어졌습니다. 오대호는 내륙에 풍성한 물을 공급하여 미국 산업 발달을 이끌었고, 아름다운 나이아가라 폭포를 만들어 여행 자원으로서도 가치가 높습니다.

교과서 속 용어 정리

• 오대호: 북아메리카 북동부, 미국과 캐나다의 국경에 있는 다섯 개의 큰 호수.

• 호수: 물이 땅으로 둘러싸여 만들어진 지형.

오대호의 이리호에서 온타리오호로 넘어가는 좁은 구간에는 그 유명한 나이아가라 폭포가 있습니다. 미국과 캐나다의 국경에 걸쳐 있는 나이아가라 폭포는 이름처럼 나이아가라강에 있는데요. 남미의 이구아수 폭포, 아프리카의 빅토리아 폭포와 함께 세계 3대 폭포로 불립니다.

나이아가라 폭포는 오대호의 탄생과 밀접한 관련이 있습니다. 거대한 빙하가 물러나면서 만든 오대호, 그중에서도 이리호에 담긴 물이 세인트로런스강으로 흘러드는 물길을 찾아 나갔고, 그 덕에 온타리오호를 만들었습니다. 온타리오호의 물그릇 역시 거대한 빙하의 후퇴로 만들어졌고요.

이 대목에서 주목할 점은 나이아가라 폭포 일대의 땅이 여러 층으로 겹겹이 쌓여 굳은 퇴적암이라는 사실입니다. 강한 암석과 상대적으로 약한 암석이 여러 겹 쌓이다 보니 물에 의해 더 빨리 깎이는 곳과 그렇지 않은 공간이 만들어졌습니다. 층층 계단처럼 말이죠. 그것이 바로 폭포입니다. 이 공간을 수천 년 동안 물이 떨어져 깎으면서 나이아가라 같은 거대한 폭포가 만들어진 것입니다. 나이아가라 폭포는 크게 세 개의 폭포로 구성되는데요. 이들 폭포가 서로 다른 높이의 층을 이룬 이유가 바로 이 때문입니다. 수백 미터 높이에서 순식간에 떨어

나이아가라 폭포 전경 미국과 캐나다 국경에 걸쳐 있는 나이아가라 폭포는 압도적인 양의 물이 한꺼번에 쏟아지면서 장관을 연출합니다.

지는 압도적인 물의 양과 그것이 일으키는 물보라를 보면 자연에 대한 경외심이 생깁니다.

흥미로운 사실은 나이아가라 폭포가 시간이 흐를수록 뒤로 이동하고 있다는 것입니다. 무슨 말이냐고요? 물이 떨어지는 위치가 하류가 아닌 상류 지역으로 변한다는 뜻입니다. 폭포의 물을 걷어내면 물이 떨어지는 곳의 수심이 매우 깊고 넓고 웅장합니다. 막대한 양의 물이 떨어지는 곳이다 보니 그만큼 많은 침식을 받았기 때문이죠. 막대한 양의 물이 일으키는 소용돌이가 강바닥의 돌을 끊임없이 움직여 주변을 깎아내고, 절벽 아래로 넓은 공간이 생기면 그만큼 절벽이 무너져 내리기 때문에 시간이 흐를수록 폭포의 위치는 뒤로 후퇴하게 되는 것이죠.

생명이 살 수 없는 죽음의 호수

호수는 내륙의 생명에게 매우 중요한 물을 제공하는 소중한 공간입니다. 하지만 아프리카 탄자니아 북부에 있는 나트론 호수는 '죽음의 호수'라는 별명을 갖고 있어요. 바닷물의 소금 농도가 매우 높기도 하고, 매우 뜨거운 온천수가 호수로 흘러 들기 때문이죠. 나트론 호수가 이렇듯 뜨거운 온천수로 가득한 이유는 땅이 갈라지는 동아프리카 지구대 옆에 있기 때문이에요. 지리적 조건으로 만들어진 위치의 중요성이 새삼 실감되는 대목입니다.

10장

분지(아마존 분지)

아마존 열대림이 지구의 허파라고?

'대프리카'라는 말을 들어본 적 있나요? 대구의 여름 날씨가 아프리카만큼 덥다는 뜻에서 붙여진 별명이죠. 왜 유독 대구가 이렇게 더울까요? 그건 바로 대구가 '분지盆地' 지형이기 때문입니다. 호수가 많아서 '호반의 도시'라고 불리는 춘천도 분지의 영향을 받아 안개가 많이 낀답니다. 분지가 어떤 형태의 지형이길래 이런 현상이 나타나는 걸까요?

초등학교 사회 교과서에서 처음 나오는 '분지'는 '그릇처럼 가운데가 움푹 팬 땅'을 뜻합니다. 우리나라에서 가장 이상적인 그릇 모양을 갖춘 분지는 휴전선 가까이에 있는 해안분지亥安盆地인데요. 해안분지는 위성사진으로 보면 마치 거인이 주먹으로 땅

강원특별자치도 해안분지(펀치볼) 양구군 해안면에 있는 해안분지는 전형적인 침식분지로, 산지와 평지를 구성하는 바탕 암석이 주변 암석보다 더 빨리 침식되어 형성되었어요.

을 내리친 것처럼 보입니다. 그래서 '펀치볼 ^{Punch Bowl}'이라 부르기도 하죠. 중요한 건 그릇처럼 생긴 땅의 모양이 지리적 차별점을 만든다는 점입니다.

분지는 지역에 따라 크기도 천차만별이에요. 도시 규모의 분지도 있고, 한반도 면적을 훌쩍 뛰어넘는 분지도 있어요. 남아메리카 아마존 일대는 세계적인 규모의 분지입니다. 세계 최대의 열대림을 담아내는 압도적인 크기의 분지이지요. 아마존강은 세계적으로 긴 강 중 하나에 속하며 물의 양이 많은 것으로도 유명한데요. 이것은 아마존 분지가 세계 최대 열대림인 아마존 열대

쓸모 있는 지리 수업

림과 밀접한 관련이 있음을 보여줍니다.

분지는 특정한 몇몇 형성 과정을 통해 만들어지는 경우가 많습니다. 산으로 둘러싸인 지형이면 분지가 될 수 있으니, 대부분 분지는 주변이 높은 산이나 고원으로 둘러싸여 있어요. 우리나라의 분지 대부분은 낮은 지대보다 주변 산지가 침식에 강해 분지로 남은 경우입니다. 반면 세계적인 규모의 분지는 거대한 산맥과 높은 고지대가 넓게 펼쳐진 가운데서 만들어지는 경우가 많습니다. 아마존 분지가 그렇죠. 높고 넓은 고지대가 낮은 지대를 에워싼 형국이라 아마존 분지 내부로는 많은 양의 물이 모여 흐릅니다. 그 과정에서 탄생한 게 바로 아마존강이에요. 지금부터 아마존 분지의 탄생 과정과 그 지리적 의미를 좀 더 자세하게 짚어보려고 해요. 아마존 분지를 제대로 이해하면 그 안에 움튼 아마존 열대림을 색다른 시선으로 바라보는 힘을 기를 수 있답니다.

아마존 분지의 탄생 과정

넓디넓은 아마존 분지는 어떻게 만들어졌을까요? 스마트 지도를 열어 남아메리카 대륙으로 가보세요. 남아메리카 대륙에서 적도 일대까지 동서 방향으로 폭이 꽤 넓습니다. 스마트 지도를 위성사진으로 놓고 보면 넓은 폭이 녹색 빛깔로 가득한데요. 짙은 녹색 빛을 띠는 공간이 바로 아마존 열대림 지역입니다.

아마존 분지 지형도 서쪽의 안데스 산맥을 기준으로 동쪽으로 녹음이 짙은 아마존 분지에는 아마존 열대림(셀바스)이 분포합니다.

아마존 분지는 남아메리카 대륙 면적의 약 35퍼센트를 차지합니다. 아마존 분지에 영토를 걸친 국가는 브라질을 비롯해 볼리비아, 콜롬비아, 에콰도르, 가이아나, 페루, 수리남, 베네수엘라입니다. 이렇게 많은 나라가 속한 분지는 땅의 속성과 관련이 깊어요. 무슨 뜻이냐고요?

우선 안데스 산맥을 살펴볼게요. 남북으로 길게, 그리고 좁게 뻗은 안데스 산맥은 앞에서 살펴봤듯, 판의 경계와 가까운 신기 습곡 산지에 해당합니다. 이는 아마존 분지 일대에서 가장 최근에 만들어진 공간이 안데스 산맥임을 뜻하죠. 안데스 산맥이 태평양과 가까운 해안에 높게 솟았기에 아마존강은 동쪽 대서양 방향으로 자연스럽게 흐를 수 있습니다.

서쪽을 안데스 산맥이 장벽처럼 막아섰다면, 동쪽은 나이가 아주 많은 땅이 넓은 고지대를 형성하고 있어요. 고지대를 '높은 곳에 있는 평원'이라는 뜻에서 '고원'이라 부르는데요. 아마존강을 기준으로 북쪽으로는 기아나 고원, 남쪽으로는 브라질 고원이 자리 잡고 있습니다. 두 고원은 모두 땅의 나이가 수억 년에 가까운 '안정 지괴'입니다. 안정 지괴란 오래되어 판의 경계와 멀리 떨어져 있어서 안정한 땅덩어리라는 뜻에서 붙여진 이름이에요. 서쪽의 안데스 산맥이 화산과 지진이 활발한 신기 조산대라면, 동쪽의 안정 지괴에선 그런 움직임이 전혀 나타나지 않죠.

우리나라의 풍수지리에서 좌^左청룡 우^右백호라고 하듯, 아마존 분지는 판의 경계와 가까운 좌^左 안데스 산맥과 판의 경계에서 먼 우^右 안정 지괴에 둘러싸여 거대한 분지가 되었습니다. 나아가 대서양으로 좁은 길이 열린 덕에 아마존강이 고원과 고원의 틈 사이로 나가 대서양으로 흘러들 수 있었죠. 이렇게 보니 아마존강이 어째서 세계적으로 긴 강이 될 수 있었는지 알겠지요? 하지만 제아무리 분지가 넓어도 비가 내리지 않으면 아마존강이 만들어질 수 없습니다. 지금부터는 이 문제에 관해 지리적 사고로 접근해 보겠습니다.

아마존 분지에 깃든 풍성한 열대림

거대한 아마존 분지는 어느 곳 하나 부족함 없이 풍성한 열대림이 들어차 있습니다. 이런 정도의 열대림이 만들어지려면 1년 동안 비가 충분히 와야 해요. 이는 크게 두 가지의 지리적 조건이 충족돼야 하는데요. 하나는 안데스 산맥이고, 다른 하나는 적도입니다. 그렇다면 각각의 조건이 어떻게 조합되어 세계 최대의 열대림을 낳았을까요?

적도 선은 아마존 분지 가운데를 관통합니다. 적도는 눈에 보이지 않는 가상의 선이지만 자연스럽게 덥고 습한 날씨가 떠오를 거예요. 이러한 적도의 이미지는 다름 아닌 태양에너지를 받는 구조와 관련이 깊습니다.

적도 주변 지역은 태양으로부터 오는 빛을 거의 수직으로 받습니다. 수직으로 빛을 받는다는 건 단위면적당 더 강한 에너지를 받는다는 뜻이죠. 간단한 실험을 해볼까요? 방의 불을 끈 채 스마트 기기의 라이트 기능을 켜고 주먹을 쥐어보세요. 라이트

쓸모 있는 지리 수업

는 태양이고 둥근 주먹은 지구입니다. 빛이 나오는 라이트로 주먹 가운데를 비추면 주먹 가운데 부분은 밝고 움켜쥔 손등과 손바닥 부분은 빛의 양이 상대적으로 적습니다. 이와 비슷한 원리로 지구의 가운데인 적도 일대는 지구에서 1년 내내 가장 많은 빛 에너지를 받습니다.

적도 일대의 충분한 에너지는 풍성한 비구름을 만듭니다. 강한 빛 에너지를 받으니 땅 표면과 강의 수증기가 쉴 새 없이 하늘로 오르겠죠? 수증기는 일정한 높이까지 올랐다 싶으면 물방울로 바뀌는데요. 이 과정에서 물방울이 서로 뭉치면 풍성한 비구름이 만들어진답니다. 그래서 우리나라의 한여름 대낮에 소나기

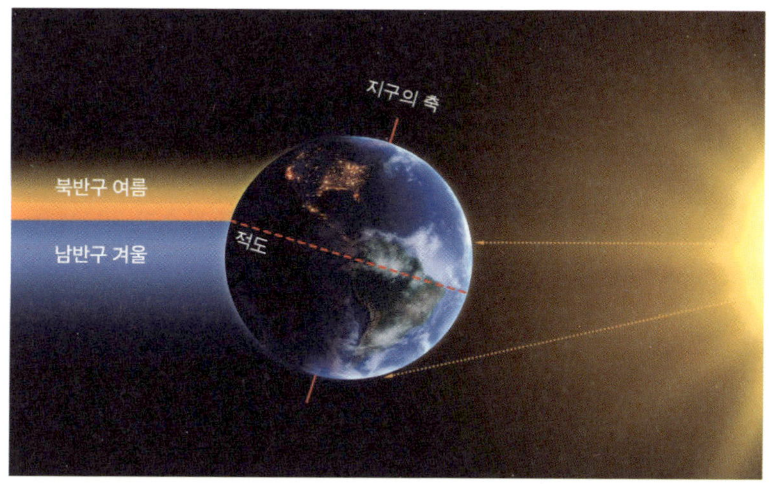

북반구의 여름과 남반구의 겨울 지구는 축이 기운 채로 태양 주변을 돕니다. 그래서 태양에너지를 집중적으로 받는 지역이 계절에 따라 달라지죠.

가 자주 내리는 거예요. 아마존 열대림의 공식 명칭은 아마존 우림雨林으로 '비 숲'이라는 뜻이에요. 지리적 조건에 딱 맞는 이름이네요.

아마존 열대림 탄생을 도운 적도수렴대

지도를 펴고 다시 남아메리카를 지나는 적도를 찾아보세요. 적도를 기준으로 북극점 방향을 북반구, 남극점 방향을 남반구라 부릅니다. 북반구와 남반구의 가장 큰 차이점은 계절이 반대라는 거예요. 북반구가 7월 여름이면 남반구는 1월 겨울인 식입니다. 이처럼 계절 차이가 나타나는 까닭은 지구의 자전축이 기울어진 채로 태양 주변을 공전하기 때문입니다. 태양은 항상 그 자리에 있지만 지구는 자전축이 약 23.5° 기울어진 채로 돌기 때문에 북반구와 남반구는 시기에 따라 서로 다른 조건에 놓이죠. 다시 말해 어떤 때는 태양으로부터 도달하는 에너지를 북반구가 집중적으로 받고, 또 어떤 때는 남반구가 집중적으로 받는다는 뜻이에요. 만약 북반구가 에너지를 집중적으로 받는 시기라면 북반구는 여름, 남반구는 겨울입니다. 그래서 북반구와 남반구의 계절이 반대가 되는 것이죠.

앞선 논리를 적도 일대의 안데스 산맥에 대입해 볼까요? 남반구가 여름이라고 가정한다면, 실은 에너지가 최고조로 집중된

쓸모 있는 지리 수업

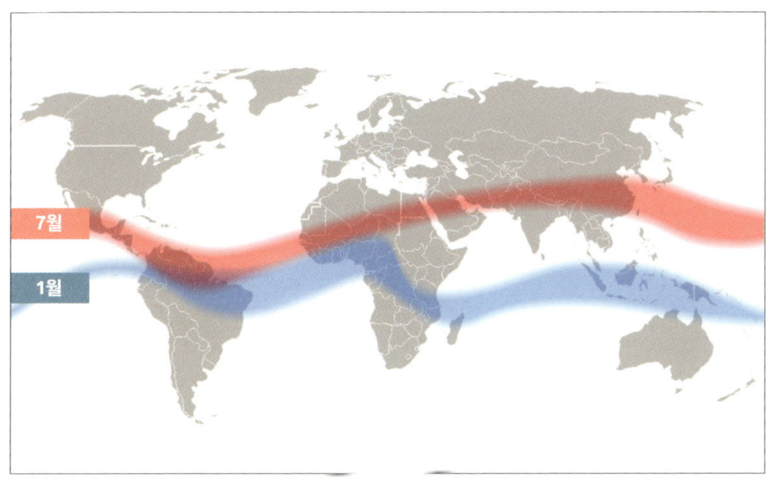

적도수렴대의 이동 태양에너지를 수직으로 받는 시기에 따라 남북이 차별적으로 나타납니다. 적도수렴대는 7월에는 주로 북반구, 1월에는 주로 남반구로 치우칩니다.

적도가 남반구로 내려온 효과를 연출합니다. 지구상의 적도는 늘 그 자리에 있는 가상의 선이지만, 실제 적도의 효과가 나타나는 범위는 계절에 따라 남북으로 이동할 수 있다는 것이죠. 이렇듯 계절에 따라 적도를 기준으로 남북으로 오가는 기압대를 적도수렴대라고 부릅니다. 적도수렴대를 연상할 때 거대한 비구름이 남북으로 오가는 이미지를 머릿속에 그려보면 쉽게 받아들일 수 있을 거예요. 적도수렴대의 이동은 적도를 중심으로 위아래에 울창한 열대림이 발달한 이유입니다.

안데스 산맥 역시 아마존 열대림을 뒷받침하는 든든한 조력자입니다. 안데스 산맥은 남아메리카 대륙의 서쪽에 높게 솟은 높고 험준한 신기 습곡 산지인데요. 신기 습곡 산지는 평균 해발고도가 높아서 비구름이 산맥을 넘어 반대편으로 가기 어렵습니다. 특히 적도 일대를 향해 꾸준히 북동쪽에서 불어오는 무역풍은 안데스 산맥에 가로막혀 지형성 강수를 내리죠. 이렇듯 아마존 지역은 다양한 지리 조건의 조합으로 크고 아름다운 열대림을 만들고 유지할 수 있었습니다. 아마존이라고 하면 왜 열대림을 떠올릴 수밖에 없는지 이제는 알겠지요?

생물의 다양성이 숨쉬는 아마존 열대림

아마존 분지는 아마존강의 커다란 물줄기부터 작은 물줄기까지 담아내는 거대한 그릇입니다. 이 거대한 그릇에 만들어진 압도적인 규모의 열대림을 일컬어 셀바스Selvas 라고 불러요. 셀바selva 는 숲을 뜻하는 라틴어 실바silva 에서 유래되었으니, 셀바스는 그야말로 '숲의 향연'임을 뜻하죠. 열대림으로 가득 찬 셀바스는 '생물 다양성의 보고寶庫'라는 별명으로 불립니다. 셀바스에서는 매년 수십에서 수백 종의 생물종을 새롭게 발견할 수 있을 정도이니 정말 대단하죠?

앞서 이야기했듯 셀바스는 연평균 기온이 27℃ 정도로 높고 1년 내내 습한 열대우림 기후가 나타납니다. 따뜻한 기온과 안정적인 습도 조건은 생물이 사는 데 중요한 환경 조건이기 때문에

　　　　　　　　　쓸모 있는 지리 수업

아마존 열대림 전경 아마존 열대림은 '생물 다양성의 보고'라고 불립니다. 오랜 시간 동안 비가 꾸준히 내리는 환경 조건에 맞추어 거대한 숲이 형성되어 왔지요.

셀바스의 열대림은 나무 밀집도가 높고 생물 다양성이 풍부한 숲이 되었지요. 셀바스에서 자라는 나무는 엄격하게 나무의 분류에 따라 상록활엽수림常綠闊葉樹林이라고 부릅니다. 조금 어려운 한자어이지만, 그 뜻을 풀면 늘 푸른 넓은 잎을 지닌 나무로 열대림의 대부분 수종의 특징을 포괄합니다.

'생물 다양성'은 '풍요로운 지구 생태계'를 만듭니다. 생물 다양성이 높다는 것은 식물은 물론 동물에서부터 박테리아나 곰팡이 같은 미생물까지 풍성하게 산다는 뜻이니까요. 생물 다양성은 언뜻 도시와 닮았는데요. 사람이 모이고 도시가 만들어지면 생활에 필요한 다양한 물건을 나르는 도로와 교통 시스템, 거주할 수 있는 집과 물건을 사고파는 상업 시설 등 무수히 많은 기반 시설이 거미줄처럼 채워집니다. 이 모두는 각자의 역할을 담당하면서 도시 시스템의 구성원으로서 기능하고, 우리는 이러한 시스템 전체를 아울러 도시라고 부르지요.

생물 다양성이 높은 열대림도 이와 같은 구조입니다. 무수히 많은 생물 종이 한데 모여 각자의 역할을 하면서 부분이자 전체를 이루는 시스템, 다시 말해 복잡하고 풍성한 생태계를 연출하는 게 바로 셀바스입니다. 셀바스라는 거대 생태계를 이루는 각각의 구성원은 서로 균형과 조화를 이루며 살아갑니다. 어떤 구성원은 물을 정화하고, 어떤 구성원은 공기를 깨끗하게 만드는 식으로요.

아마존 분지를 가득 메운 셀바스 지역의 독특한 조력자도 있는데요. 뜻밖에도 사하라 사막입니다. 사하라 사막은 대서양 건너 북부 아프리카 지역의 넓은 건조 기후 지역입니다. 남아메리카의 셀바스와 사하라 사막은 너무 멀리 떨어져 있어 언뜻 관계가 없어 보이지만 그렇지 않아요. 지구를 구성하는 대륙은 움직임이 극히 적지만, 공기와 바닷물은 꾸준히 이동하여 공간과 공간을 잇습니다. 사하라 사막과 열대림은 공기를 매개로 이어집니다. 사하라 사막에서 일어난 모래바람은 북동쪽에서 부는 무역풍을 타고 대서양을 건너 아마존 분지에 안착할 수 있습니다.

     쓸모 있는 지리 수업

지도를 펼쳐놓고 상상해 보세요. 사하라 사막에서 북동무역풍을 타고 열대림으로 이동하는 공기의 흐름을요!

그렇다면 사하라 사막은 어떻게 아마존 열대림을 도울 수 있는 걸까요? 지구상의 모든 식물이 생장하는 데 없어서는 안 될 요소는 바로 '인'입니다. 인은 식물이 광합성을 하는 데 꼭 필요한 성분이에요. 최근 영국의 연구진은 사하라 사막의 보델레 함몰지가 아마존 열대림의 인 공급처임을 밝혀냈습니다. 푹 꺼진 보델레 함몰지는 연평균 100일 정도의 모래폭풍이 이는 것으로 유명한데요. 이곳은 과거에 거대 호수였어요. 사하라 사막의 기

사하라 남부에 위치한 6000년 전 거대한 호수의 흔적 사하라 사막 남부 보델레 함몰지의 위성사진을 보면 수천 년 전에 말라붙은 호수의 흔적을 찾을 수 있습니다.

후변화로 호수에 살던 물고기의 뼈와 비늘에서 만들어진 인이 굳어 인회석이 되고, 그것이 잘게 부서져 바람을 타고 이동하여 열대림의 토양을 비옥하게 만든다는 게 연구의 중심 내용입니다. 물에 잘 녹는 인이 셀바스의 풍성한 비와 만나 더욱 빠르게 토양을 적실 수 있었던 것입니다. 언뜻 보면 전혀 접점이 없는 것처럼 보이는 두 공간을 이어보는 일은 이처럼 공간의 이야기를 더욱 풍성하게 만들어주기도 한답니다.

아마존 열대림과 기후변화의 관계

생물 다양성의 보고인 아마존 분지의 열대림은 기후변화와도 밀접하게 관련돼 있습니다. 기후변화는 대기와 바닷물의 온도를 높이면서 육상 및 해상 생태계에 적지 않은 영향을 주고 있는데요. 기후변화를 이야기할 때마다 아마존 열대림은 자주 등장합니다. 열대림 훼손이 기후변화를 더욱 악화할 수 있기 때문이에요. 좀 더 자세히 알아볼까요?

나무는 인간과 반대 과정으로 호흡합니다. 인간이 산소를 들이마시고 이산화탄소를 내보낸다면, 나무는 이산화탄소를 들이마시고 산소를 내보내지요. 이러한 나무의 활동을 광합성 작용이라 부릅니다. 이산화탄소는 지구온난화를 심화하는 대표적인 온실가스라서 농도가 높을수록 대기 기온도 그에 맞춰 오릅니

쓸모 있는 지리 수업

아마존 열대림의 화재 지구의 허파로 불리는 아마존 열대우림에서는 심심치 않게 화재가 발생하고 있어요. 열대우림 기후 지역이지만 건조한 날씨가 지속되는 경우가 많아 화재 발생 가능성도 덩달아 높아지고 있지요.

다. 마치 겨울철 비닐하우스처럼 실내, 그러니까 지구 대기권 안으로 들어온 태양에너지가 밖으로 나가지 못하도록 막는 대표적인 기체가 바로 이산화탄소입니다. 그러니 이산화탄소를 흡수하여 산소를 내놓는 나무는 기후변화를 해결하는 데 없어서는 안 될 소중한 환경 요소이죠. 산림 파괴가 기후변화를 심화한다는 것은 이런 맥락에서 나온 말이에요.

거대한 규모의 열대림은 서로를 의지하며 거대한 기후변화에 맞서고 있습니다. 하지만 제아무리 견고한 틀을 갖추었다 해도 기후변화라는 무시무시한 공격 앞에서는 맥을 못 춥니다. 그리고 안타깝게도 이 기후변화를 일으키는 가장 큰 원인은 인간에게 있지요.

열대림 주변에서 살아가는 문명화된 인간들은 열대림을 베어 농경지를 만들고, 그 안에서 농작물을 기르는 경작 활동, 가축을 기르는 목축 및 방목 활동을 꾸준히 이어오고 있습니다. 열대림의 연대를 무너뜨리는 이와 같은 행위는 가뭄이 길어지면 화재를 자주 일으킵니다. 대규모 화재는 막대한 양의 이산화탄소를 대기 중으로 내보내고, 이는 또다시 기후변화를 심화하죠. 그야말로 악순환이 거듭되는 거예요. 최근 들어 늘어나는 아마존 화재, 인도네시아 열대림 화재 등은 이와 같은 악순환의 일부입니다. 아마존 열대림의 위기, 이것이 인류에 어떤 영향을 끼칠지 우리 모두 진지하게 생각해 볼 때입니다.

이야기 두 줄 요약

아마존 열대림은 아마존 분지라는 거대한 지형 조건과 적도수렴대라는 기후 조건이 만나 만들어졌습니다. 생물 다양성이 매우 높은 아마존 열대림은 인간의 개발 및 기후변화에 따라 그 면적이 점차 줄고 있습니다.

- 열대림: 나무의 밀도가 매우 높음. 지구의 허파로 불릴 만큼 산소 공급량이 많고 생물 다양성이 높음.
- 열대 기후: 태양에너지를 1년 내내 집중적으로 받는 매우 따뜻한 지역.
- 생물 다양성: 지구상에 살아 있는 모든 생명체와 이들이 서식하는 환경의 다양성과 변동성을 가리킴.

더 읽어보기 같은 분지, 다른 모습! 대찬정 분지

아마존 열대림이 세계에서 가장 넓은 면적을 자랑하는 까닭은 그것을 담는 그릇인 아마존 분지가 크기 때문입니다. 다양한 식재료를 버무려내는 커다란 샐러드 그릇처럼 넓은 땅에 다양한 기후 조건이 알맞게 버무려져 만들어진 게 아마존 열대림이지요.

아마존 일대를 벗어나 다른 대륙으로 눈을 돌리면 비슷한 크기의 또 다른 분지를 만납니다. 바로 오스트레일리아에 있는 대찬정 분지예요. 대찬정 분지는 아마존 열대림과는 전혀 다른 환경을 연출합니다.

대찬정 분지는 오스트레일리아 동부에 있는데요. 그 면적이

오스트레일리아 대찬정 분지의 면적 대찬정 분지에 저장된 물은 약 20만 명의 사람에게 물을 제공할 수 있을 정도입니다. 최근 오스트레일리아 정부는 지나친 물 사용을 줄이기 위해 대찬정 분지를 신중하게 이용하는 정책을 펼치고 있어요.

오스트레일리아 국토의 약 20퍼센트 이상을 차지할 정도로 매우 크지만 마치 건조한 사막을 보는 것처럼 황량합니다. 넓고 황량한 거대 분지라지만 대찬정 분지가 갖는 생태적 의의는 남다릅니다. 대찬정 분지의 땅속에는 막대한 양의 물이 저장돼 있기 때문입니다. 거대한 분지 바닥에 스며든 대부분의 물은 흥미롭게도 커다란 산줄기 너머에서 옵니다.

오스트레일리아 지도를 펼쳐 동부 지역을 보면, 뾰족한 바늘처럼 생긴 퀸즐랜드주에서부터 뉴사우스웨일스주까지 이어지는 긴 산줄기가 눈에 띄는데요. 바로 그레이트디바이딩 산

쓸모 있는 지리 수업

맥입니다. 그레이트디바이딩 산맥은 이름처럼 오스트레일리아 동부 지역을 동서로 나누는 자연 경계예요. 1년 내내 태평양에서 불어오는 습한 바람의 영향을 받아내는 물받이 역할을 하죠. 습한 공기가 산맥에 부딪혀 비를 내리면, 그 빗물의 일부는 땅속으로 스며듭니다. 대찬정 분지의 땅과 그레이트디바이딩 산맥의 땅은 지층이 서로 연결돼 있어서 물은 자연스럽게 낮은 대찬정 분지 바닥으로 흘러듭니다. 이는 매우 오래전부터 있었던 일이어서 대찬정 부지 바닥에는 예전부터 지하수가 차곡차곡 한가득 담길 수 있었어요.

대찬정 분지의 물은 마른하늘의 단비입니다. 때론 땅 위로 살짝 모습을 드러내기도 하고, 때론 깊이 우물을 파야 건져 올릴 수 있습니다. 원래 대찬정 분지는 건조한 기후 탓에 인간이 살기에 적합하지 않다고 여겨졌지만, 지하수가 발견된 이후 다양한 방식으로 활용 중이지요. 대표적으로는 대규모 가축을 기르는 방목장으로 이용하고 있어요. 양꼬치 음식점에서 보는 호주산 양고기와 고깃집에서 보는 호주산 소고기는 바로 대찬정 분지의 지하수를 이용해 기른 것이랍니다.

이처럼 비슷한 크기의 분지라도 지리 조건에 따라 전혀 다른 인간의 삶이 연출되기도 합니다.

아프리카에도 열대림이?

아마존 열대림 같은 거대한 숲은 아프리카에도 있습니다. 바로 콩고 분지의 열대림입니다. 콩고 분지는 아마존 분지처럼 열대림이 잘 자라는 큰 그릇처럼 생겼어요. 게다가 1년 내내 비가 잘 내리는 적도에 있어서 생물 다양성이 풍성한 열대림을 가질 수 있었습니다.

쓸모 있는 지리 수업

11장

습곡산지(그레이트디바이딩 산맥, 서던알프스 산맥)

솟아오른 산맥 때문에
기후가 달라진다고?

습곡 산맥은 세계를 읽는 중요한 단서입니다. 먼저 '습곡褶曲'이라는 이름부터 알아볼까요? 습곡이라는 한자어는 주름진다는 뜻의 습褶과 굽어서 휘었다는 뜻의 곡曲이 합해져 만들어진 용어예요. '주름져 휜' 산맥이라는 뜻이죠. 고무찰흙을 만져본 적 있지요? 고무찰흙은 우리가 힘을 주는 방향대로 다양한 모양으로 변신하잖아요. 말랑말랑한 고무찰흙을 반듯하게 펴서 손바닥으로 한 방향을 향해 밀면 가운데가 솟아오르는데, 이것이 습곡 산맥의 형성 과정과 비슷합니다.

습곡 산맥은 생긴 순서에 따라 크게 둘로 나뉩니다. 먼저 생긴 습곡 산지를 고古기 습곡 산지라 부르고, 나중에 생긴 습곡 산지

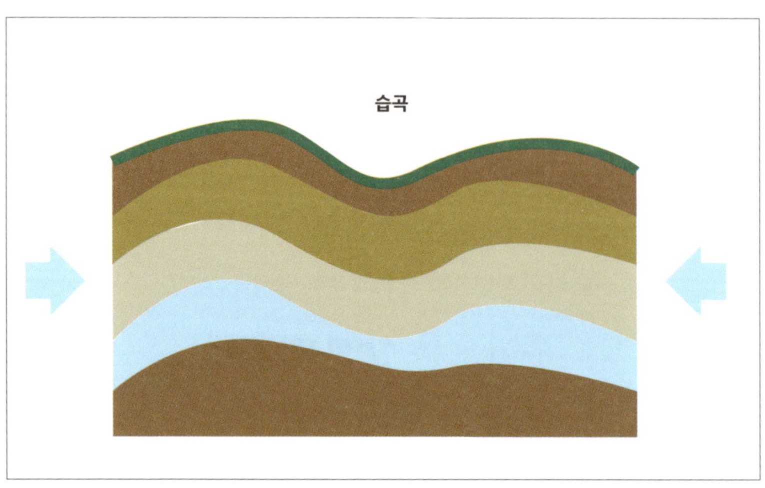

습곡의 간략한 모식도 수평으로 퇴적된 지층이 가로로 압력을 받아 휘어진 지질 구조를 습곡이라 불러요.

를 신新기 습곡 산지라 부릅니다. 지질 시대로 보자면 고생대에서 중생대 초기에 만들어진 것이 고기, 중생대 말에서 신생대에 만들어진 것이 신기 습곡 산지입니다. 여기서 꼭 알아야 할 게 있는데요. 고무찰흙에 가해진 힘이 지구에선 어떻게 만들어지는가입니다. 결론부터 말하자면, 그 강력한 힘은 판의 경계에서 만들어집니다. 그렇다면 '판의 경계'는 정확히 어디를 뜻하는 걸까요?

지구는 크게 핵, 맨틀, 지각으로 구성돼 있어요. 이 중 지구의 가장 바깥을 감싸는 것이 지각입니다. 지각은 여러 개로 나뉘어 있는데요. 이렇게 나뉜 각각의 지각을 판plate 이라 부르기도 합니다. 지각(판)은 맨틀 위에 둥실 떠 있는 것처럼 서서히 움직여요.

쓸모 있는 지리 수업

그 판과 판이 만나는 곳을 '판의 경계'라고 부르지요. 판이 제각각 움직이다 보니 서로 다른 방향으로 등을 돌리거나 만나는 경우의 수가 생기는데, 습곡 산맥은 대부분 서로 만나는 과정에서 만들어집니다.

판의 만남으로 만들어진 습곡 산지가 어떻게 우리의 삶과 관련이 있는지 궁금하지 않나요? 고기든 신기든 습곡 산지는 각자의 개성으로 인간의 삶에 큰 영향을 주고 있답니다. 습곡 산지를 제대로 이해하려면 오스트레일리아와 뉴질랜드에 가는 게 좋아요. 디지털 지도이든 종이 지도이든 지도를 펼쳐놓고 함께 여행을 떠나보죠.

고기 습곡 산지에서 인류의 물질문명이 탄생했다?

오스트레일리아의 그레이트디바이딩 산맥은 세계적인 고기 습곡 산지입니다. 고기 습곡 산지는 앞서 이야기했듯 주로 고생대에 만들어졌어요. 고생대에 만들어진 고기 습곡 산지를 이야기할 때 빼놓을 수 없는 것이 바로 석탄입니다. 석탄은 18세기 산업혁명을 이끈 원동력인데요. 흥미롭게도 세계적인 석탄 산지는 대부분 고기 습곡 산지 곁에 있답니다. 어째서 그럴까요? 잠시 고생대의 상황으로 돌아가 보죠.

고생대는 약 5억 5000만 년에서 2억 5000만 년 전까지의 시기를 뜻합니다. 약 3억 년 동안의 길고 긴 지질 시대 중 '석탄기'라는 흥미로운 이름의 시대가 눈에 띕니다. 이름에서 알 수 있듯이 오늘날의 석탄 대부분이 이때 형성되었습니다. 석탄이 이토록 오래전에 만들어졌다는 게 신기하지요?

고생대 석탄기는 지금보다 훨씬 기온이 높고 습했을 것이라고 추정되는데요. 이 시기 즈음에 나무가 처음 등장한 것으로 보입니다. 따뜻하고 습한 기후이다 보니 나무가 번성하는 데 아주 좋은 조건이었죠. 석탄기에 어마어마하게 번성했던 숲의 제국 중에서도 특히 호숫가와 가까운 곳에 번성했던 식물이 중요합니다. 호숫가 식물이 죽어 물에 잠기면 그 잔해는 느리게 썩습니다.

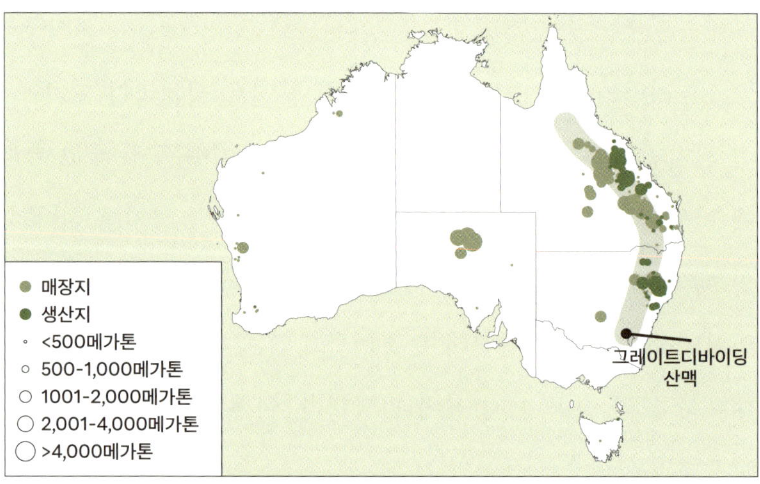

오스트레일리아의 주요 석탄 생산지 오스트레일리아의 그레이트디바이딩 산맥은 고생대에 만들어진 세계적인 고기 습곡 산지입니다.

쓸모 있는 지리 수업

물속에서는 박테리아와 같은 미생물 활동이 느리기 때문이죠. 잘 썩지 않고 보존된 식물의 잔해가 오랜 시간 동안 수백 수천 미터 두께로 차곡차곡 쌓여간 경우를 가정해 보세요. 그렇게 쌓인 층 위로 땅의 움직임이나 뒤틀림을 통해 다른 지층이 덮이는 경우가 생길 수도 있겠죠? 만약 앞선 시나리오대로 일이 이루어지면 수많은 나무 잔해가 굳어 석탄이 만들어질 수 있습니다.

고기 습곡 산지에 해당하는 오스트레일리아의 그레이트디바이딩 산맥 일대는 세계적인 석탄 매장지 중 하나입니다. 석탄은 인류가 오늘날과 같은 물질문명을 일구는 데 큰 영향을 미쳤습니다. 산업혁명의 발상지인 영국 또한 고기 습곡 산지에 속하지요. 오스트레일리아의 석탄은 품질이 우수해 세계 각지로 수출됩니다. 오늘날 석탄은 크게 두 분야에서 쓰이는데요. 하나는 전기를 만드는 화력발전소에, 다른 하나는 철을 만드는 제철소에 쓰입니다. 우리나라에는 큰 화력발전소와 제철소가 있어서 많은 석탄이 필요합니다. 우리나라가 석탄을 수입하는 대표적인 나라가 바로 오스트레일리아입니다.

그레이트디바이딩 산맥이 인간의 삶에 끼친 영향

고기 습곡 산지인 그레이트디바이딩 산맥은 생명체에게도 중요한 공간이에요. 오스트레일리아를 대표하는 동물이 뭘까요? 맞

오스트레일리아 주요 도시 분포 수도 캔버라를 비롯해 대도시 시드니와 멜버른, 브리즈번 등은 모두 그레이트디바이딩 산맥의 동부 해안에 집중되어 있어요.

아요. 캥거루와 코알라입니다. 두 동물은 오스트레일리아 내에서도 주된 서식지가 다른데요. 캥거루가 오스트레일리아 전역에 걸쳐 산다면, 코알라는 동부 끝자락에 삽니다. 코알라의 서식지를 따라가면 자연스럽게 그레이트디바이딩 산맥을 만납니다.

그레이트디바이딩 산맥, 이름이 참 멋지지 않나요? 영어로 크게 Great 나눈다 dividing 는 뜻이니 오스트레일리아의 큰 경계라는 느낌을 줍니다. 그레이트디바이딩 산맥은 지리적으로 보면 참 잘 지은 이름이에요. 실제로 오스트레일리아의 동쪽 해안과 나머지 지역을 기후적으로 크게 나누고 있으니까요. 남북 방향으로 길게 뻗은 그레이트디바이딩 산맥을 기준으로 서쪽으로는 대

쓸모 있는 지리 수업

체로 건조 기후가 나타나고, 동쪽 해안을 따라서는 주로 온대 기후가 나타납니다. 코알라의 서식지는 그레이트디바이딩 산맥 중에서도 동부 해안을 따라 밀집해 있는데, 기온이 온화하니 코알라가 서식하기 좋은 환경이죠.

습곡 산지 유형에 따른 지리적 차이

이제 오스트레일리아에서 바다를 건너 이웃 나라 뉴질랜드로 떠나볼까요? 뉴질랜드는 크게 북섬과 남섬으로 나뉩니다. 북 섬은 화산 폭발로 만들어진 넓은 공간에 많은 사람이 모여 살고, 남섬은 높고 뚜렷하고 연속적인 서던알프스 산맥 덕에 관광지로 유명합니다. 특히 하얀 눈이 덮인 아름다운 서던알프스 산맥의 산줄기는 유럽의 알프스 산맥을 연상케 하죠.

서던알프스 산맥은 앞서 살펴본 습곡 산지의 유형 중 신기 습곡 산지에 해당합니다. 신기 습곡 산지는 판의 경계에서 만들어집니다. 판의 경계에서는 서로 힘을 주고받는 과정에서 높고 연속적인 산줄기가 만들어지는 경우가 많은데요. 서던알프스 산맥은 크게 보아 태평양판과 오스트레일리아판이 만나는 아슬아슬한 경계입니다. 그래서 남섬의 서던알프스 산맥은 고기 습곡 산지보다 더 연속적이고 뚜렷한 산줄기를 자랑합니다. 이를 통해 신기와 고기 습곡 산지의 관계를 정립할 수 있습니다. 즉 신기 습

오스트레일리아와 뉴질랜드 일대의 판의 경계 뉴질랜드가 판의 경계에 걸쳐 있다면 오스트레일리아의 그레이트디바이딩 산맥은 판의 경계에서부터 안쪽에 자리하고 있습니다.

곡 산지는 판의 경계에서 가까워 높은 산줄기를 뽐낼 수 있는 것이고, 고기 습곡 산지는 신기 습곡 산지보다 앞서 판의 경계에 해당하는 자리였다고 말이지요. 그러니 판의 경계에서부터 거리가 멀어질수록 화산이나 지진이 없는 안정된 땅일 확률이 높아집니다. 땅도 사람처럼 유년 시절과 장년 시절, 그리고 노년 시절이 있다는 것이죠. 비유하자면 신기 습곡 산지는 유년 시절, 고기 습곡 산지는 장년 시절에 해당하는 셈입니다.

판의 경계에 따른 공간의 질서는 세계 여러 지역에서도 어렵지 않게 찾아볼 수 있습니다. 판의 경계를 나타낸 세계 지도에서 뉴질랜드를 찾아볼까요? 뉴질랜드가 판의 경계에 걸쳐 있는 게 보이지요? 뉴질랜드를 찾았다면 오스트레일리아의 그레이트디바이딩 산맥은 판의 경계에서부터 안쪽에 자리함을 확인할 수 있습니다. 앞서 이야기했듯 판의 경계와 가까운 신기 습곡 산지와 한 걸음 떨어진 고기 습곡 산지라는 질서가 잡힌 것이죠.

또 다른 곳을 찾아볼까요? 유럽의 아이슬란드는 판의 경계가 국토 가운데를 지나는 특이한 공간입니다. 그 판의 경계에서 유럽 대륙 쪽으로 가보면 안쪽 깊숙한 곳에 자리한 스칸디나비아 산맥을 만납니다. 두 지역의 관계를 통해 스칸디나비아 산맥이 고기 습곡 산지임을 짐작할 수 있습니다.

한반도 일대의 사정도 비슷합니다. 판의 경계와 가까운 일본을 지나 안쪽으로 가면 한반도와 중국의 여러 산줄기를 확인할 수 있습니다. 판의 경계와 가까운 일본은 높고 연속된 뚜렷한 산줄기가 발달한 신기 습곡 산지에 해당하는 공간, 그 안쪽으로는 석탄 자원으로 유명한 고기 습곡 산지가 발달한다는 공간의 질서가 잡히죠. 우리나라에 석탄이 있는 이유는 우리나라가 고기 습곡 산지의 자리에 해당하기 때문입니다.

신기 습곡 산지는 천연 급수탑

뉴질랜드 남섬은 신기 습곡 산지에 해당하는 서던알프스 산맥이 공간의 핵심입니다. 서던알프스 산맥은 산 정상부를 덮은 설경이 무척 아름답습니다. 우리나라는 높은 산지가 없어 이와 비슷한 모습을 볼 수 없지만 유럽의 알프스, 미국의 서부, 네팔의 히말라야를 가면 어렵지 않게 볼 수 있는 풍경이지요. 이들 지역의 공통점은 판의 경계와 가깝게 놓여 있다는 점입니다. 높고 뚜렷한 산줄기를 가진 곳, 다시 말해 신기 습곡 산지죠.

해발고도가 3,000m 이상인 고지대에서는 한번 내린 눈이 쉽게 녹지 않습니다. 높이 오를수록 기온이 낮아지거든요. 가을철에 반소매 차림으로 등산했다가 산 정상부에서 덧옷을 입는 것과 비슷한 이유입니다. 그래서 해발고도가 높은 산 정상부엔 오랫동안 눈이 쌓여 있는 경우가 많고, 어떤 곳은 빙하가 발달하기도 합니다. 새하얀 눈이 뒤덮인 가파르고 뚜렷한 산줄기, 다시 말해 신기 습곡 산지는 자연의 위대함과 아름다움을 선사하죠.

신기 습곡 산지는 보는 즐거움은 물론 사는 즐거움도 줍니다. 높은 산지에 쌓인 눈과 빙하는 조금씩 녹아 시나브로 낮은 곳에 자리한 마을로 흘러듭니다. 마치 마르지 않는 샘물처럼 안정적으로 물을 흘려보내는 고지대의 눈 녹은 물은 천연 급수탑과 같습니다. 이 물을 충분히 활용하고 싶다면 계곡의 입구를 막아 저수지를 만들 수도 있죠. 신기 습곡 산지 주변에 사는 사람들에게 이보다 좋은 물 공급처는 없다고 봐도 될 정도로 아주 중요한 수자원입니다.

　　　　　　　　　　쓸모 있는 지리 수업

뉴질랜드 남섬의 서던알프스 산맥 전경 새하얀 눈이 뒤덮인 가파르고 뚜렷한 산줄기와 끝없이 흘러 내려오는 고지대의 눈 녹은 물은 보는 즐거움과 함께 사는 즐거움도 선사합니다.

신기 습곡 산지의 천연 급수탑 효과는 비가 거의 내리지 않는 건조한 지역이라면 더욱 위력을 발휘합니다. 건조한 티베트 고원과 미국 서부 사막 지대에 사는 사람들은 대부분 신기 습곡 산지의 천연 급수탑에 의존하여 살고 있지요. 천연 급수탑의 도움을 받을 수 없는 건조 지역에서는 물을 구하기 위해 막대한 비용을 들여야 합니다. 아랍에미리트의 두바이가 그렇죠. 두바이는 주변에 신기 습곡 산지와 같은 천연 급수탑이 없습니다. 그래서 바닷물을 민물로 바꾸는 대형 공장을 지어 식수를 만들고 있습니다. 그러니 두바이 같은 도시는 지속 가능할 수 없습니다. 천혜의 지리적 조건은 돈으로도 살 수 없는 가치가 있다는 뜻입니다.

뉴질랜드의 생활 모습과 지리적 조건의 관련성

그럼 이제 뉴질랜드의 여러 생활 모습이 어떻게 지리적 조건과 관련이 있는지 알아보죠. 어느 곳이든 사람들이 모여 사는 곳은 그만한 지리적 이유가 있습니다. 뉴질랜드도 그렇습니다. 앞서 살펴본 오스트레일리아 인구가 그레이트디바이딩 산맥 동부 해안에 집중해 있다면, 뉴질랜드는 북섬에 집중해 있습니다. 뉴질랜드에서 인구가 가장 많은 도시는 수도 웰링턴이 아닌 오클랜드인데요. 오클랜드는 북섬에서도 가장 위도가 낮은 곳에 있습니다. 오클랜드에서 같은 위도를 따라 오스트레일리아 방향으로 선을 그으면 마찬가지로 대도시 멜버른을 만납니다. 오클랜드와 멜버른은 모두 남위 35도에 위치하는 공통점이 있습니다.

오클랜드의 위도는 북반구로 보면 우리나라 서울쯤에 해당합니다. 적도

뉴질랜드 주요 도시와 서던알프스 산맥 뉴질랜드에서 인구가 가장 많은 도시는 오클랜드로, 중위도에 위치해 있는 데다 거대한 태평양을 거쳐 온 촉촉한 편서풍의 영향을 받아 비가 일정하게 오고 기온이 온화합니다.

쓸모 있는 지리 수업

를 기준으로 남북으로 비슷한 거리에 있는 두 도시이지만, 몇 가지 지리적 조건의 차이로 오클랜드의 기후가 서울보다 1년 내내 온화하지요. 앞서 이야기했던 편서풍이 불어오는 조건이 다르기 때문입니다. 오클랜드와 서울 모두 중위도에 있고, 그에 따라 편서풍의 영향을 받고 있지만 오클랜드는 거대한 태평양을 거쳐 온 편서풍의 영향을 받습니다. 서울도 황해를 지나온 편서풍의 영향을 받지만, 태평양과 황해는 마치 골리앗과 다윗처럼 크기에서 엄청난 차이를 보이죠. 이는 뉴질랜드에 부는 편서풍의 촉촉함이 서울과 비교할 수 없을 정도로 탁월하다는 뜻입니다.

나아가 뉴질랜드는 섬나라입니다. 한반도도 삼면이 바다인 반도국이지만 유라시아 대륙을 등에 업었기에 겨울이 무척 춥죠. 겨울이 되면 시베리아 대륙에서 매우 차가운 북극의 바람이 차곡차곡 쌓여 한반도를 향해 불어오니까요. 하지만 같은 편서풍 영향을 받는 지역이라도 땅과 바다의 배열에 따라 환경 조건은 바뀔 수 있습니다. 1년 내내 습윤한 편서풍이 불어오는 오클랜드는 그래서 비가 일정하게 오고 기온이 온화합니다. 이러한 기후 특징을 일컬어 '서안 해양성 기후'라고 부른다는 것도 참고로 알아두면 좋습니다.

고기 및 신기 습곡 산지는 시기를 달리하여 판의 경계에서 만들어진 뚜렷하고 연속된 산줄기입니다. 나중에 만들어진 신기 습곡 산지는 고기 습곡 산지보다 산줄기의 규모가 크고 해발고도가 높습니다. 고기 습곡 산지에서는 석탄이, 신기 습곡 산지에서는 정상부에 쌓인 흰 눈이 천연 급수탑 기능을 함으로써 인간 생활을 윤택하게 만들어줍니다.

교과서 속 용어 정리

- 산맥: 여러 산이 늘어서 있는 지형 경관.

- 온대 기후: 적도 부근의 열대 기후와 극 부근의 한대 기후 사이에 해당하는 공간에서 나타나는 기후로, 대체로 온화하고 비가 알맞게 내림.

- 서안 해양성 기후: 중위도에 부는 편서풍이 바다를 통과하면서 습기를 많이 머금은 상태로 도달하는 육지에서 잘 나타나는 기후. 1년 내내 비가 고르게 내리는 편임.

영국은 산업혁명의 발상지입니다. 18세기 후반 증기기관이 발명되고 석탄이 사용되면서 폭발적으로 생산력이 향상되었죠. 그러다 보니 영국은 자연스럽게 세계의 패권을 쥐었고, '해가 지지 않는 나라'라는 타이틀을 얻었습니다. 산업혁명이 영국에서 시작된 이유는 지리적으로도 설명이 가능합니다.

영국에서 산업혁명이 시작된 이유는 석탄이라는 자원 외에 많은 사회적 조건이 뒤따릅니다. 영국은 봉건제, 그러니까 중앙은 왕이 다스리고 지방은 위임받은 영주가 다스리는 제도가 유럽에서 가장 일찍 붕괴한 나라입니다. 봉건제 해체는 곧 시민이 누리는 자유가 높아지는 결과를 낳았죠. 때마침 모직물 공업이 발달하고 석탄을 통한 증기기관이 도입되자, 영국은 막강한 기술력을 바탕으로 생산 대국이 될 수 있었습니다. 이때부터 해외에 많은 식민지를 건설하고 공장에서 만든 물건을 식민지에 팔면서 엄청난 부를 축적하게 되었죠.

고기 습곡 산지에 해당하는 영국 일대는 석탄 매장과 관련하여 특이점이 있습니다. 땅 표면에서 깊지 않은 곳에 석탄이 있거나, 심지어 땅 위로 노출된 석탄이 주변에 많았다는 점입니다. 사실 석탄이 많이 매장된 나라는 많습니다. 오늘날 세계 최대의 석탄 생산국인 중국을 비롯해 인도네시아, 인도, 오스트레일리아 등의 석탄은 영국의 석탄 매장량을 압도합니다.

그럼에도 자본주의 시장경제의 원동력이 된 산업혁명이 영국의 차지가 되었다는 건 지표와 가까운 곳에 석탄이 매장되어 있다는 지리적 특이점이 매유 유리한 조건이었다는 뜻입니다. 당시의 기술력으로도 채굴하는 데 어려움이 없으니까요. 지도에서 '영국의 척추'라 불리는 페나인 산맥을 찾아보면, 그 주변으로 산업혁명과 함께 태동하고 성장한 굵직한 무게감을 지닌 도시가 많다는 것을 알 수 있습니다. 산업혁명의 발상지로 불리는 맨체스터를 비롯해 운하를 통해 물건을 사고파는 리버풀은 당시 영국이 가진 탁월한 지리 조건을 반영하고 있는 도시입니다.

앞서 살펴본 서안 해양성 기후도 영국의 산업 발달에 영향을 미쳤습니다. 북반구 중위도에 있는 영국은 1년 내내 촉촉한 편서풍의 영향을 받아 강수량이 안정적이고 온화합니다. 뉴질랜드의 초원에서 풀을 뜯는 소를 영국에 데려다 놓아도 초원에서 풀을 뜯을 수 있다는 뜻이죠. 지구상에서 위치만 다를 뿐 두 나라의 지리적 유사점이 상당하다는 것도 참고로 알아두면 좋겠습니다.

남섬의 최대 도시는 크라이스트처치입니다. 크라이스트처치, 더니든 같은 남섬의 대도시는 모두 서던알프스 산맥을 기준으로 동쪽 해안에 있습니다. 이곳의 바람은 서던알프스 산맥의 서쪽에서 불어옵니다. 그래서 비구름이 비를 내리는 곳은 동쪽 해안이 아닌 서쪽 해안이죠. 하지만 서던알프스 산맥의 고지대에 만들어진 눈과 얼음은 동부 지역으로 흐르는 안정적인 강물을 만들어주었습니다. 이처럼 지리적 조건을 알면 크라이스트처치로 흘러드는 와이마카리리강의 안정적인 물줄기가 어떻게 만들어졌는지 이해할 수 있습니다.

그나저나 '와이마카리리'라는 이름이 참 특이하네요. 이곳 원주민 마오리족의 언어로 '찬물이 밀려오는 강'이라는 뜻입니다. 여기서 '찬물'은 서던알프스 산맥을 수놓은 눈 녹은 물에서 착안한 것이랍니다.

12장

삼각주(파라나 삼각주)

강이 흘러와 만든 땅이
이렇게나 넓다고?

삼각주三角洲는 영어로 델타delta 입니다. 수학이나 과학에서 쓰는 기호인 알파, 베타, 감마, 그리고 델타! 바로 그 델타이죠. 앞서 말한 알파부터 델타는 그리스 문자의 자모인데요. 델타라는 용어를 처음 지리학 용어로 만든 사람은 고대 그리스의 역사가 헤로도토스Herodotus 입니다. 헤로도토스는 역사학의 아버지로 유명하지만, 지리학자로서도 뛰어난 면모를 보였어요 헤로도토스는 기원전 5세기경, 나일강 하구의 모습을 보고는 거대한 땅의 모습이 마치 델타와 닮았다고 하여 이런 이름을 붙였습니다. 이후 델타는 자연스럽게 지리학에서 삼각주를 뜻하는 용어가 되었어요.

삼각주는 이름처럼 '세 개의 뿔을 가진 땅', 즉 크게 보아 삼각

나일강 삼각주 위성 사진 마치 부채를 펼쳐 놓은 것처럼 삼각형으로 펼쳐진 모양이 인상적입니다.

형 형태를 띠고 있습니다. 당시 헤로도토스가 본 건 오늘날에도 세계적으로 유명한 나일강 삼각주인데요. 나일강과 지중해가 만나는 공간을 위성사진으로 보면 부채꼴 모양으로 펼쳐진 넓은 평야를 만날 수 있습니다. 그럼 삼각주는 어떻게 만들어지는 걸까요?

삼각주는 바다와 하천이 서로 만나는 곳, 다시 말해 하구河口에서 만들어지는 퇴적 지형입니다. 하구는 하천의 입구라는 뜻이고, 퇴적堆積은 물질이 차곡차곡 쌓인다는 뜻입니다. 이름을 통해 삼각주란 하구에서 차곡차곡 쌓인 물질로 만들어진 지형임을 알 수 있습니다.

그렇다고 바다와 하천이 서로 만나는 공간에 무조건 삼각주가 만들어지는 건 아닙니다. 하천은 상류에서부터 물질을 운반해 오고, 바다는 하천이 운반해 온 물질을 파도의 힘으로 제거하는 역할을 하는데요. 이런 관계에서 물질이 쌓이는 양이 파도가 제거하는 양보다 많을 때 삼각주가 잘 만들어지는 것이죠. 물류센터를 생각해 보면 어떨까요? 포장된 택배 상자가 쌓이는 양보다 실어 나르는 양이 적으면 물류센터 앞에는 차곡차곡 물건이 쌓이겠죠? 바로 이런 상황일 때 삼각주는 잘 발달합니다.

우리나라 낙동강에서도 삼각주를 관찰할 수 있습니다. 낙동강과 바다가 만나는 곳에서 만들어진 평평하면서도 아름다운 퇴적 지형이지요. 낙동강 삼각주도 앞에서 언급한 조건으로 만들어졌습니다. 우리는 시야를 한껏 넓혀 남아메리카 대륙 아르헨티나의 파라나 삼각주로 가볼 거예요. 파라나 삼각주는 나일강 삼각주, 메콩강 삼각주, 갠지스강 삼각주처럼 널리 알려져 있진 않지만, 여느 삼각주에서 보기 힘든 색다른 이야기를 담고 있거든요. 흥미롭고도 재미있는 이야기를 들을 준비가 되었다면 출발!

파라나 삼각주와 라플라타강의 묘한 관계

'파라나'라는 이름은 바다만큼 크다는 뜻의 원주민 언어에서 유래합니다. 바다만큼 큰 퇴적 지형인 파라나 삼각주는 아르헨티

          쓸모 있는 지리 수업

나 산타페주 산타페라는 도시에서부터 로사리오라는 대도시를 지나 우루과이강과 파라나강이 바다 가까운 곳에서 만나는 지점까지 이어질 정도로 넓습니다. 파라나 삼각주는 길이 약 400km, 면적은 약 170만 헥타르에 달합니다. 일반적으로 삼각주는 바다와 하천이 만나는 언저리에서 만들어지지만, 파라나 삼각주를 포함한 세계적인 규모의 삼각주는 하천에서 운반되어 온 물질이 워낙 많아서 강을 따라 내륙으로 깊숙하게 발달한 경우가 많습니다. 파라나 삼각주는 부산에서부터 서울까지이 거리에 헤당히는 곳을 퇴적 물질로 다 덮을 만큼 넓습니다. 이는 전적으로 강이 운반하는 물질의 양이 많기 때문입니다.

파라나 삼각주 일대의 모습 아르헨티나의 파라나강과 하구에는 거대한 파라나 삼각주가 발달했습니다. 넓고 긴 파라나 삼각주는 파라나강과 우루과이강이 만나는 지점에서 끝나지요.

　아르헨티나의 파라나강과 우루과이의 우루과이강이 만나는 곳인 부에노스아이레스 앞에는 길이 약 290km, 최대 폭 약 220km에 이르는 라플라타강이 있습니다. 이와 같은 지리적 조건이 조금 의아하지 않나요? 파라나강과 우루과이강이 만나는 곳까지 펼쳐진 넓은 파라나 삼각주가 라플라타강이 시작되는 자리에 해당하니까 말이죠. 앞선 이야기대로라면 삼각주가 하구가 아닌 내륙 지점에 만들어진 셈인데, 뭔가 앞뒤가 맞지 않는다는 느낌이 듭니다.

　라플라타강을 위성사진으로 보면 이런 의구심은 더욱 짙어져요. 라플라타강은 도무지 강이라고는 볼 수 없을 정도로 폭이 넓거든요. 사정이 이렇다 보니 학자에 따라 라플라타강을 강으로 보기도 하고, 바다의 만으로 보기도 합니다. 비슷한 규모로 하구가 매우 넓은 것으로 유명한 아마존강은 곳곳에 삼각주가 발달해 있어 입구가 크게 느껴지지 않지만, 라플라타강은 커다란 하구가 마치 누군가 청소한 것처럼 말끔히 정리돼 있습니다. 바라보는 관점이 조금 다르더라도 라플라타를 강으로 보면 '세계에서 가장 폭이 넓은 강'이 되고, 거대한 강 안에 발달한 파라나 삼각주는 바다와 강이 아닌, 강과 강이 만나는 곳에 만들어진 보기 드문 삼각주로 볼 수 있습니다. 보는 관점에 따라 공간의 의미가 달라지다니 흥미롭지 않나요?

　　　　　　　　　　　　　　　　　　　　　　　쓸모 있는 지리 수업

파라나 삼각주를 중심으로 펼쳐진 팜파스

파라나 삼각주 일대의 위성사진을 보면 깔때기 모양으로 발달한 삼각주 곁으로 몇몇 도시가 눈에 띕니다. 파라나 삼각주를 따라 내륙으로 가장 깊숙한 곳에는 도시 산타페가 있습니다. 산타페는 아르헨티나 산타페주의 주도인데요. 산타페는 파라나 삼각주 주변의 넓은 평원과 습지에서 생산되는 농축산물을 모아 배에 싣고 대서양으로 나갈 수 있는 내륙의 항구 도시예요. 파라나 삼각주 사이에서 여러 갈래로 나뉘어 흐르는 물길을 따라 대서양을 오갈 수 있는 지리적 조건을 갖추고 있습니다.

산타페에서 하류 방향으로 거슬러 내려오면 도시 로사리오를 만납니다. 로사리오는 인구가 130만 명에 이르는 대도시입니다. 로사리오는 주변의 작은 도시와 하나의 생활권으로 묶여 큰 도시권을 이루죠. 여기서 '큰 도시권'이란 로사리오로 출퇴근하는 사람도 많고, 다양한 교통망으로 촘촘하게 연결돼 있어 마치 하나의 도시처럼 기능한다는 뜻이에요.

로사리오의 도시 모양은 흥미롭습니다. 파라나강을 따라 남북으로 길게 늘어진 형태거든요. 그도 그럴 것이 로사리오는 파라나강을 사이에 두고 대부분 지역에 물이 차 있어 질퍽질퍽한 파라나 삼각주와 얼굴을 맞대고 있습니다. 집을 짓거나 도로를 놓기에 좋지 않은 파라나 삼각주가 바로 앞에 버티고 있으니 도시

아르헨티나 축구 영웅의 고향 로사리오 리오넬 메시는 세계적인 축구 스타입니다. 그는 어린 시절 아르헨티나 로사리오에 살면서 축구에 관한 꿈을 키웠죠. 로사리오는 파라나 삼각주 바로 옆에 있는 도시랍니다.

가 위아래로 발달하는 건 자연스러운 일이죠.

여기서 잠깐! 지리 이야기에서 벗어나 세계적으로 유명한 인물 이야기를 해볼까요? 축구를 좋아하는 사람, 또는 혁명 역사에 관심이 많은 사람이라면 로사리오를 들어봤을지도 모르겠습니다. 축구의 아이콘 리오넬 메시 Lionel Mess 와 혁명의 아이콘 체 게바라 Che Guevara 가 바로 로사리오 출신이거든요.

로사리오는 산타페와 마찬가지로 대서양에서 파라나강을 따라 거슬러 오르면 닿는 항구 도시입니다. 로사리오에 모이는 물자 중 대표적인 게 농축산물인데요. 파라나 삼각주와 주변 지역에 펼쳐진 넓은 평원에서 수확한 밀, 콩, 옥수수 등의 곡물과 소

쓸모 있는 지리 수업

나 양을 길러 가공한 육류는 아르헨티나를 대표하는 농축산물이지요.

세계적으로 손꼽히는 파라나 삼각주 주변의 곡창 지대를 팜파스pampas라 부릅니다. 팜파스는 '평평한 표면'을 뜻하는 원주민의 언어(케추아어)에서 유래했는데요. 이름처럼 광활한 평원이 끝없이 펼쳐져 있어 그 끝을 가늠하기 힘들 정도랍니다.

광활한 팜파스는 한반도의 두 배가 넘는 면적을 자랑합니다. 팜파스 평원에서 수확하는 다양한 곡물 중 특히 주목할 건 콩(대두)입니다. 일반적으로 콩은 두부나 두유를 만드는 원료, 볶아 먹는 재료 정도로 여기지만, 식품 공학 기술이 발전하면서 남다른

팜파스 초원의 전경 아르헨티나와 브라질 국경 사이에는 넓은 팜파스 초원이 펼쳐져 있는데, 온화한 기후 덕에 작물 재배와 목축업이 발달했어요.

존재감을 뽐내고 있지요. 이를테면 우리 몸에 들어온 병원균과 싸우는 항생제의 원료에도 사용되고, 옷에 묻은 오물을 닦아내는 세탁 소재에도 콩이 사용됩니다. 벌레를 없애는 살충제와 반려동물에게 먹일 사료를 만드는 데도 쓰일 정도로 콩은 다채롭게 변신한답니다.

콩과 같은 팜파스의 농산물이 세계적으로 더욱 주목받는 까닭은 남반구라는 지리적 이점 때문입니다. 북반구와 남반구는 계절이 반대인데요. 북반구가 곡물을 재배하기 힘든 겨울엔 남반구의 경작지가 경쟁력을 갖죠. 심지어 북반구에는 세계 인구의 80퍼센트 이상이 살고 경제 수준이 높은 나라가 많습니다. 사정이 이렇다 보니 남반구에 있는 팜파스에서 수확한 농산물을 끊임없이 소비합니다. 콩은 기본이고, 밀과 옥수수도 팜파스 평원에서 재배되고 있어요. 팜파스의 농산물이 파라나 삼각주를 따라 열 지어 발달한 내륙 항구 도시에 모여 끊임없이 대서양을 향해 나아가는 이유입니다.

파라나 삼각주의 끝에서 성장한 도시 부에노스아이레스

다시 지도를 펼쳐 파라나 삼각주 일대를 유심히 살펴보세요. 깔때기 모양으로 좁아지는 파라나 삼각주를 따라 도시가 연속으로 발달했다는 걸 알 수 있을 거예요. 파라나 삼각주 꼭짓점에서부터 산타페, 로사리오, 부에노스아이레스로 도시가 이어지죠. 도시의 인구 규모와 면적도 파라나 삼각주처럼 위에서부터 아래로 갈수록 넓어집니다. 인구 약 39만 명의 산타페시에서 약 120만 명의 로사리오 도시권으로, 인구 약 1,600만 명의 부에노스아이레스 대도시권으로 이어지는 흐름은, 마치 음악에서 '점점 더 크게'라는 뜻의 크레센도 효과를 준 것 같습니다.

아르헨티나 수도인 부에노스아이레스는 남아메리카 대륙에서도 손에 꼽는 대도시권입니다. 아르헨티나 인구의 약 절반이 사는 부에노스아이레스 대도시권은 우리나라로 치면 수도권에 해당하죠. 지도를 보면 파라나 삼각주의 끄트머리에 부에노스아이레스가 꽃처럼 활짝 피어 있는 것 같습니다. 부에노스아이레스는 파라나 삼각주와 라플라타강 사이에 절묘하게 걸쳐 있습니다. 마치 파라나 삼각주와 대서양으로 열린 라플라타강의 이점을 모두 취하려는 것처럼 말이에요. 그래서일까요? 부에노스아이레스는 이러한 지리적 조건에 부응하듯, 팜파스의 물산을 한데 모으는 최종 집산지 역할을 해왔습니다.

이쯤에서 짚어봐야 할 점은 부에노스아이레스의 성장 역사입니다. 부에노스아이레스의 시작은 유럽의 식민 지배입니다. 아메리카를 지배한 유럽 열강은 식민지 경영의 최우선 목표를 효율적인 자원 수탈에 두었습니다. 유럽 본국과 비슷한 꼴을 갖춘 도시를 만들어 정치인과 노동자를 이주시키는 전략도 에스파냐의 식민 지배를 받은 부에노스아이레스에서 비슷하게 연출됐죠. 부에노스아이레스의 해안에 정박해 작은 거점을 마련하고, 그곳을 기점으로 서서히 지배 영역을 확장하는 방식은, 해안을 낀 아메리카 식민 도시에서 공통으로 볼 수 있는 방식이기도 합니다.

역사 무대에 등장한 부에노스아이레스가 본격적으로 성장세에 오른 건 대서양 무역이 활발해지면서부터입니다. 유럽이 남아메리카를 개척할 초기만 하더라도 유럽은 안데스 산맥의 광물 자원을 채취하는 게 주요 목적이었습니다. 당시 안데스 산맥과 가까운 페루의 카야오항을 통해 태평양을 거쳐 유럽으로 가는 해상 루트가 주를 이뤘던 까닭이 여기 있습니다. 하지만 산업혁명 이후 유럽은 인구가 폭발적으로 증가했고 그와 맞물려 팜파스 지역의 농축산물이 큰 주목을 받기 시작했습니다. 이 흐름에 올라탄 도시가 바로 부에노스아이레스입니다.

18세기 부에노스아이레스는 내륙의 산물을 모아 대서양으로 나갈 수 있는 교역항으로서 최적의 입지를 자랑했습니다. 이제 막 파라나 삼각주를 통과해 온 내륙의 배가 쉬어갈 수 있는 길목이자, 대서양에서 라플라타강을 따라 진입한 안정된 항만 조건을 지닌 곳이었죠. 파라나 삼각주 곁의 로사리오가 뱃길을 내기 위해 주기적으로 강바닥에 쌓이는 물질을 퍼내는 데 힘을 쏟

부에노스아이레스 항구의 전경 부에노스아이레스는 명실상부 아르헨티나의 수도이자 최대 도시입니다. 오랜 항만 역사를 바탕으로 내륙으로 도시의 몸집을 키워나갔지요.

아야 했던 반면, 부에노스아이레스는 수심이 깊은 라플라타강을 곁에 둔 덕에 그럴 걱정이 없었습니다.

천혜의 항구 조건을 갖춘 부에노스아이레스는 무역항으로 폭발적인 성장을 거듭했고, 기세를 몰아 주변 지역으로 부챗살처럼 철로를 이어 많은 물자를 모았습니다. 부에노스아이레스가 아르헨티나 경제의 전면에 등장하면서 자연스럽게 수도로 자리매김할 수 있었던 이유는 이러한 지리적 조건이 뒷받침되었기에 가능한 일이었습니다.

거대한 파라나 삼각주에 찾아온 변화

파라나 삼각주를 위성사진으로 보면 주변 지역보다 짙은 녹색을 띱니다. 녹색이 짙다는 건 그만큼 삼각주 안에 식물이 빼곡하게 자라고 있다는 뜻이지요. 마치 아마존 열대림처럼 짙은 녹음으로 덮인 삼각주는 복잡하게 갈라진 수많은 물줄기와 어우러져 한 폭의 그림을 연상케 할 정도로 아름답습니다. 하지만 최근 파라나 삼각주는 몇 가지 이유에서 예년의 모습을 빠르게 잃어가고 있습니다. 파라나강에는 어떤 변화가 일어나고 있는 걸까요?

파라나강을 따라 상류로 거슬러 오르면 아르헨티나와 브라질, 그리고 파라과이의 국경 지대를 만납니다. 세 나라 국경이 마주한 일대에는 이구아수 폭포가 있는데요. 브라질과 아르헨티나가 함께 소유한 이구아수 폭포는 이구아수강이 파라나강과 한 몸을 이루는 지점에서 가까운 곳에 있습니다. 유네스코 세계유산에 등재될 정도로 아름다운 이구아수 폭포는 '악마의 목구멍'이라 불릴 정도로 풍성한 유량을 자랑하죠. 하지만 이구아수 폭포를 지난 물은 포스두이구아수라는 도시에 이르러 거대한 이타이푸 댐에 가로막힙니다.

이타이푸 댐은 브라질과 파라과이 국경에 놓여 있는데요. 유량이 풍성한 상류 지역의 물을 이용해 수력 발전을 하기 위해 건설되었어요. 브라질과 파라과이가 합작해 1984년에 완공한 이타이푸 댐은 세계에서 손꼽히는 수력 발전소이기도 해요. 하지만 댐 건설 때문에 하류에 속한 아르헨티나의 파라나강은 유량

 쓸모 있는 지리 수업

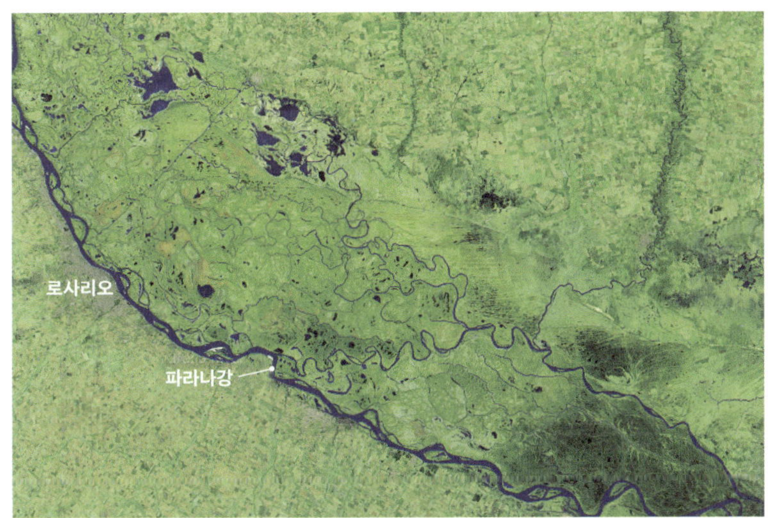

녹음이 짙은 파라나 삼각주 일대의 모습 파라나 삼각주는 파라나강의 유량이 풍성할 때 생물 다양성이 높은 녹지의 모습을 연출합니다.

파라나강의 환경 변화 최근 파라나강은 발원지인 브라질의 극심한 가뭄으로 물이 마르는 현상이 보이곤 합니다. 이러한 변화는 파라나강 항해를 어렵게 만드는 원인이기도 하죠.

이 급속하게 감소했습니다. 이 문제로 여러 차례 협상을 벌였지만, 이타이푸 댐의 덩치는 몇 차례의 확장 공사로 더욱 커지고 말았죠.

댐의 건설과 확장은 하류로 나아가는 유량 감소로 이어집니다. 파라나강도 이 과정을 겪을 수밖에 없죠. 파라나강의 유량 감소는 파라나 삼각주로 운반되는 물질의 양과 유량 감소로 이어졌고, 여기에 기후변화마저 겹치면서 전례 없는 환경 변화로 나타났습니다. 이러한 변화를 가장 빨리 느끼는 도시가 바로 삼각주 곁에 있는 항구 도시 로사리오입니다. 2021년 로사리오 일대 수위는 비정상적으로 따뜻한 날씨와 길어진 가뭄으로, 최근 수십 년 중 최저치를 기록했습니다. 푸름과 녹음이 짙던 파라나 삼각주는 하천을 통해 배로 이동하기 어려운 날이 많아졌고, 건조한 날씨로 화재도 증가했습니다.

이 문제를 해결하기 위한 가장 좋은 방법은 이타이푸 댐이 물을 하류로 안정적으로 흘려보내는 것이지만, 상황은 녹록하지 않습니다. 브라질과 파라과이의 전력 상황이 안 좋을 때가 많아서 수력 발전을 위해 물을 가두는 일이 더욱 늘어날 테니까요. 파라나 삼각주에서 벌어지고 있는 문제는 삼각주에만 국한된 문제가 아닙니다. 자연과 인간은 씨줄과 날줄처럼 적절히 엮여야 안정될 수 있음을 반드시 기억해야 합니다.

　　　　　　　　　　　　　　　　쓸모 있는 지리 수업

삼각주는 바다로 흘러드는 물질의 양이 많을수록 규모가 커집니다. 파라나강 삼각주는 아르헨티나의 핵심 도시가 사람을 모을 수 있도록 너른 공간과 환경 조건을 만들어 주었습니다.

삼각주: 바다와 강이 만나는 공간에 물질이 쌓여 만들어짐.

부에노스아이레스: 아르헨티나의 수도이자 큰 항구 도시.

닮은 듯 다른 두 곳

아르헨티나의 부에노스아이레스가 파라나강 삼각주 끄트머리에 자리 잡은 라플라타강을 따라 거대 도시로 발달했다면, 브라질의 리우데자네이루는 천연 항만의 조건에서 거대 도시로 발달했습니다. 브라질과 아르헨티나는 각각 세계적인 규모의 리우데자네이루와 부에노스아이레스라는 항만을 갖춤으로써 남아메리카 대륙의 맹주로 성장할 수 있었지요. 바다를 통한 무역이 활발해진 대항해 시대와 유럽의 식민 지배 시절을 거치면서 두 도시는 닮은 듯 다른 성장의 길을 걸어왔습니다.

리우데자네이루 전경 거대 예수상이 굽어보는 리우데자네이루 항구는 수많은 화강암 바위가 아름다운 경관을 자아냅니다.

부에노스아이레스는 넓고 평탄한 물질이 쌓여 만들어진 곳입니다. 일반적으로 물질이 쌓인 터는 큰 배가 드나들 수 있는 깊은 수심을 확보하기 어렵지요. 하지만 부에노스아이레스는 라플라타강의 깊은 수심 덕에 파라나 삼각주 옆에 있으면서도 큰 항구로 발전할 수 있었습니다. 반면 리우데자네이루는 단단하고 견고한 화강암반이 해안까지 이어진 곳에 마련된 항구입니다. 화강암반 사이로 해수면이 오르면서 낮은 자리를 메워 만들어진 구아나바라만에 조성된 항구가 바로 리우데자네이루이죠.

리우데자네이루라는 지명은 그 유래가 재미있습니다. 리우데 자네이루는 '1월의 강'이라는 뜻으로, 당시 이곳을 탐험했던 포르투갈의 항해가 곤살루 코엘류Gonçalo Coelho가 만을 강으로 착각해 붙인 이름입니다. 그러고 보니 부에노스아이레스 앞에는 '은의 강'이라는 이름 뜻을 가진 라플라타강이 흐르고 있네요. 라플라타강 또한 너무 넓어 만이냐 강이냐에 관한 해석이 분분했지요. 구아나바라만은 화강암반으로 더 복잡하고 다양한 해안선이 만들어졌고, 그 덕에 세계적으로 아름다운 항구라는 타이틀을 얻을 수 있었습니다.

구아나바라만 곳곳에는 거대한 암석 돔이 발달해 있습니다. 이는 화강암 지역에서 볼 수 있는 흥미로운 경관이지요. 암석 돔은 그 자체로 아름다워 보는 맛이 일품입니다. 리우데자네이루의 랜드마크 팡지아수카르는 높이 약 400m의 화강암 돔입니다. 팡지아수카르의 별명은 슈거로프인데요. 포르투갈어로 '설탕 빵'이라는 뜻입니다. 각설탕이 출시되기 전 설탕을 조금씩 깎아 쓰던 설탕봉과 비슷한 모양이라서 붙여진 이름이지요.

팡지아수카르 뒤의 높은 산지에는 거대 예수상이 있습니다. 이곳에 거대 예수상이 있는 까닭은 브라질이 포르투갈의 식민 지배를 받았기 때문이에요. 높이 약 30m의 거대 예수상은 두 팔을 벌려 아름다운 리우데자네이루 항만을 자애롭게 굽어봅니다. 거대 예수상에 올라 감상하는 리우데자네이루 전경은 아름답기로 유명하답니다. 리우데자네이루는 화강암이라는 지리적 조건 덕에 부에노스아이레스와는 결이 다른 경관을 연출하게 되었습니다.

더 생각해 보기　　낙동강 삼각주의 활용

우리나라에서 가장 큰 삼각주는 낙동강(김해) 삼각주입니다. 낙동강은 태백산맥 일대의 상류에서부터 남해를 만나는 을숙도 일대까지 많은 물질을 운반합니다. 부산 일대의 주민이 이용할 수 있는 김해국제공항이 삼각주에 만들어진 까닭은 비행기가 쉽게 뜨고 내릴 수 있는 넓고 평평한 지형 조건을 갖추고 있기 때문입니다.

쓸모 있는 지리 수업

세상을 더 넓고 풍요롭게 바라보는 지리의 힘

지리학은 자연의 힘과 인간의 삶에 얽힌 비밀을 푸는 신비로운 열쇠입니다. 인간이 삶의 터전을 일구고 생활하는 모든 지역은 자연환경과 밀접한 관계를 맺고 있어요. 우리 속담에 '콩 심은 데 콩 나고 팥 심은 데 팥 난다'라는 말이 있지요? 이는 자연환경과 인간의 삶을 아주 정확하게 표현하는 말입니다. 마치 여러분이 부모님의 생김새를 많이 닮은 것처럼 자연환경은 인간이 가꾸는 삶의 방향타를 결정했습니다.

오세아니아에는 뉴질랜드라는 섬나라가 있습니다. 뉴질랜드에는 원주민 마오리족이 13세기경부터 살아왔어요. 마오리족은 아주 오래전 인류가 꾸준히 이동하는 과정에서 아시아를 거쳐 폴리네시아의 여러 섬으로, 다시 오늘날 뉴질랜드의 북섬으로 들어왔을 것으로 추정됩니다. 오래전 낯선 섬에 발을 들인 마오리족은 그들만의 독특한 문화를 일구며 살아왔습니다.

하지만 19세기 영국인이 이곳을 식민지로 삼으면서 마오리족

의 전통문화는 급격히 사라져갔습니다. 최신 무기와 기술로 중무장한 영국인을 당할 수 없었던 거죠. 이후 뉴질랜드는 유럽의 식민지가 되었고, 오늘날에는 실질적으로 영국연방 왕국으로서 국제 사회의 일원이 되었습니다. 뉴질랜드라는 이름 자체가 뉴질랜드를 처음 발견한 유럽 국가인 네덜란드의 제일란트주(네덜란드어로 Zeeland)에서 가져왔으니, 뉴질랜드가 유럽 색깔의 문화적 색채로 빠르게 칠해진 건 수긍할 수 있는 결과입니다.

만약 여러분이 뉴질랜드를 여행한다면 어떤 공간의 밑그림을 그려야 할까요? 앞서 우리가 공부한 지리적 사고를 적용하면 오늘날 뉴질랜드를 이루는 공간의 모자이크를 읽을 수 있습니다. 몇 가지 예를 들어볼까요?

뉴질랜드는 우선 북섬과 남섬이 연출하는 자연환경이 제각각입니다. 북섬이 화산과 온천이 있는 '불의 섬'이라면, 남섬은 만년설을 간직한 높은 산이 도드라지는 '얼음의 섬'입니다. 북섬에서 거대한 화산 분화구를 걷고 그 곁의 큰 호수를 바라볼 수 있는 것, 나아가 뜨거운 온천에 몸을 담글 수 있는 것은 북섬이 판과 판의 경계와 가깝다는 뜻입니다. 남섬을 따라 높고 연속적으로 솟은 만년설의 산줄기는 어떤가요? 역시나 판의 경계에서 멀지 않은 덕에 만들어진 높고 험준한 신기 습곡 산지라서 가능한 일이겠죠? 이러한 사고 과정은 앞서 여러분이 읽은 다양한 대주제에 대한 이해와 맥을 함께합니다.

북섬과 남섬이 연출하는 땅의 밑그림을 알았으니, 이젠 뉴질랜드에 영향을 주는 기후의 역할을 살펴볼까요? 뉴질랜드는 모든 국토가 1년 내내 습하고 온화한 기후를 보입니다. 다시 말해 비가 꾸준히 내리고 우리나라처럼 겨울철 강추위가 없는 기후라는 뜻이죠. 이런 기후 특성을 가진 대표적인 지역이 바로 유럽 서부입니다. 영국, 네덜란드, 프랑스, 독일, 덴마크 등 서부 유럽의 대부분 국가는 뉴질랜드의 기후 조건과 상당히 닮았습니다.

뉴질랜드와 유럽을 비슷한 환경 조건으로 만든 또 다른 핵심 요인은 바로 편서풍인데요. 1년 동안 오스트레일리아 쪽에서 꾸준히 불어오는 바닷바람인 편서풍은 습한 공기를 뉴질랜드로 전달하는 일등 공신입니다. 편서풍은 이 대목에서 신비로운 마법을 펼칩니다. 남섬의 높고 험준한 산줄기에 부딪히면 서쪽에만 비를 내리고 반대편으로는 건조한 바람을 보내는 역할을 하죠. 상대적으로 남섬과 같은 험준한 산줄기가 없는 북섬은 전체적으로 습윤하고 비가 고르게 내린답니다. 이처럼 땅이라는 밑그림에 기후를 얹으면 뉴질랜드의 생활양식에 관한 커다란 줄기를 잡을 수 있습니다.

뉴질랜드는 세계적인 목축 및 낙농업 국가입니다. 뉴질랜드 여행을 가면 끝없이 펼쳐진 초원과 열심히 풀을 뜯는 소와 양을

만나게 되는데요. 흥미로운 건 북섬은 상대적으로 소의 비중이 높고, 남섬으로 내려갈수록 양의 비중이 높아진다는 점이에요. 지리적 사고를 장착한 관광객이라면 이러한 경관 변화를 봤을 때 그 원인을 쉽게 이해할 수 있어요.

양은 소보다 건조한 환경에서 잘 생활합니다. 그러니까 지역에 따라 소와 양의 비중이 달라진다는 뜻은 남섬으로 갈수록 기후가 건조해진다는 뜻이겠죠. 혹시 이 말이 어렵게 느껴진다면 앞서 이야기했던 북섬과 남섬의 비 내리는 패턴을 떠올리면 좋습니다. 북섬은 전체적으로 비가 고르게 내리고, 남섬은 높은 산줄기 너머인 동쪽 지역으로 비가 잘 오지 않죠. 그렇게 보면 어째서 북섬에서 남섬으로 갈수록 소보다 양이 많아지는지 이해할 수 있습니다.

어떤가요? 지리적 사고를 하면 뉴질랜드의 국가 산업인 목축업의 줄기를 어렵지 않게 잡아낼 수 있지요?

지리적 사고가 원활해지면 여기서 한 걸음 더 나아갈 수도 있습니다. 소와 양을 기르기 위해서는 정말 많은 목초지가 필요합니다. 뉴질랜드는 이를 어떻게 감당하고 있을까요? 앞서 이야기한 대로 뉴질랜드의 기후를 떠올리면 되겠죠? 뉴질랜드는 대체로 습하고 온화한 기온이라 풀이 아주 잘 자라는 환경이에요. 유럽 목장과 비슷한 환경 조건을 가지고 있으니 거대한 초원의 나라, 목축업의 나라가 된 것이지요. 그러니까 소의 젖을 가공해서 우유나 치즈 같은 낙농 제품을 만드는 일은 뉴질랜드나 덴마크나 지리적으로 보면 다른 점이 없다는 뜻입니다.

뉴질랜드 여행자라면 끝없이 펼쳐진 초원과 만년설, 빙하와 호수, 멋진 화산섬의 분화구 등 아름다운 경관에 취해 이곳이야말로 지상 낙원이라고 생각할지도 몰라요. 물론 틀린 말은 아니지만, 지리적 사고가 충만한 사람이라면 아름다운 풍광 이면에 감춰진 뉴질랜드의 지속 가능성에 의문을 품을 수도 있을 거예요. 엄청난 수의 소와 양을 기르려면 얼마나 많은 물과 풀이 필요할지 고민하게 될 테니까요. 실제로 뉴질랜드는 가축의 수가 인구의 세 배가 넘거든요.

이런 사정을 알면 뉴질랜드가 직면한 환경 문제에 자연스럽게 눈길이 갑니다. 엄청난 양의 물과 풀을 가축에게 공급하기 위해서는 자연이 주는 빗물만으로는 감당하기 어렵습니다. 그래서 뉴질랜드에는 물 대는 시설이 수없이 많습니다. 그 물은 대부분 뉴질랜드의 빙하 호수나 화산 호수의 물을 막은 저수지에서 오거나 지하에서 뽑아 올린 지하수가 대부분이에요. 한 걸음 더 나아가 수천만 마리의 동물이 배설하는 오물은 뉴질랜드의 수질 및 토양 오염을 가속할 수밖에 없습니다. 이처럼 지리적 사고는 뉴질랜드의 삶의 방식이 지속 가능하지 않을 수 있다는 위험 신호를 감지합니다.

쓸모 있는 지리 수업

21세기 지구촌의 가장 큰 화두는 기후 위기입니다. 인간이 과도하게 파괴한 환경은 여러 문제로 몸살을 앓고 있어요. 기온 상승은 물론이고, 예측을 뛰어넘는 자연재해, 생물의 빠른 멸종, 급속한 물 자원의 고갈 등 수많은 문제가 벌어지고 있습니다. 어떻게 보면 해당 지역의 지리적 조건을 제대로 이해하지 못해서 발생하는 문제일 가능성이 큽니다.

자연이 준 지리적 조건 이상으로 인간의 과도한 활동이 펼쳐지는 곳은 언제나 환경 위기에 처합니다. 오래전 이스터섬에서, 오늘날 갈라파고스섬이나 마다가스카르섬에서 빠르게 진행 중인 환경 변화가 이를 증명합니다.

이제는 단편적인 사실의 나열로는 세계를 제대로 볼 수 없습니다. 세계를 풍요롭게, 그리고 종합적인 관점에서 바라보려면 지리적 사고는 선택이 아닌 필수입니다. 여러분 모두가 지리를 공부하면서 지리가 얼마나 유용한 학문인지 깨닫고, 지리에 흥미를 느끼고, 나아가 지리적 사고로 무장한 세계 시민으로서 당당히 설 수 있기를 응원합니다.

교과서를 쉽게, 세상을 깊게

쓸모 있는 지리 수업

제1판 1쇄 인쇄 | 2025년 9월 30일
제1판 1쇄 발행 | 2025년 10월 20일

지은이 | 최재희
펴낸이 | 하영춘
펴낸곳 | 한국경제신문 한경BP
출판본부장 | 이선정
편집주간 | 김동욱
책임편집 | 마현숙
교정교열 | 최은영
저작권 | 백상아
홍보마케팅 | 김규형·서은실·이여진·박도현
디자인 | 이승욱·권석중

주   소 | 서울특별시 중구 청파로 463
기획편집부 | 02-360-4556, 4584
홍보마케팅부 | 02-360-4595, 4562   FAX | 02-360-4837
H | http://bp.hankyung.com   E | bp@hankyung.com
F | www.facebook.com/hankyungbp
등   록 | 제 2-315(1967. 5. 15)

ISBN 978-89-475-0201-6 43980